上海烟草集团总部电动卷帘项目

中国网通总部大楼电动卷帘项目

上海世博中心顶面FTS天篷帘项目

上海银行总部顶面FCS-Ⅱ型天篷帘项目

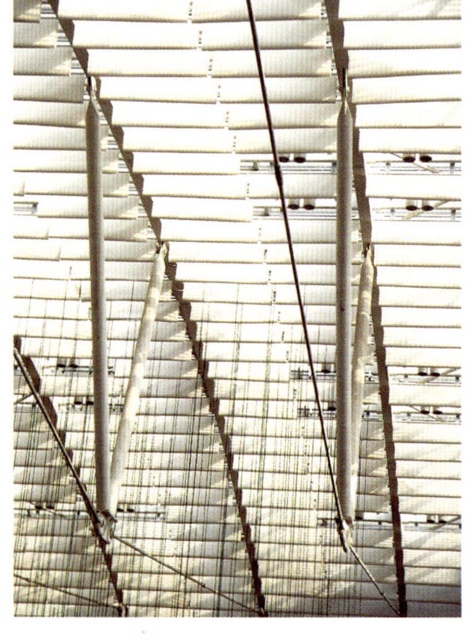

中国农业银行数据处理中心遮阳翻板项目

广州大学城遮阳翻板项目

上海大剧院电动卷帘项目

世贸北外滩大酒店
电动卷帘项目

上海世博会印尼馆木纹翻板百叶项目

温州火车站翻板项目

大连城市广场铝合金横百叶帘项目

青岛国际金融广场铝合金横百叶帘项目

国家计算机网络安全中心FTS天篷帘、电动卷帘项目

中国科学院文献情报中心天篷帘、卷帘项目

上海新国际展览中心电动卷帘项目

广州国际会展中心大型电动卷帘项目

上海威斯汀大酒店
电动双轨折叠天篷帘项目

上海香榭丽大酒店FCS天篷帘项目

长兴大剧院遮阳翻板项目

珠海康乐保中国生产基地遮阳翻板项目

建筑遮阳产品应用手册

顾端青　主编
孙宝莲　张龙明　张震善　副主编

中国建筑工业出版社

图书在版编目(CIP)数据

建筑遮阳产品应用手册/顾端青主编. —北京：中国建筑工业出版社，2010.6
ISBN 978-7-112-12127-4

Ⅰ. 建… Ⅱ. 顾… Ⅲ. 建筑—遮阳—技术手册
Ⅳ. TU113.4-62

中国版本图书馆 CIP 数据核字(2010)第 094150 号

责任编辑：付培鑫 邓 卫
责任设计：陈 旭
责任校对：赵 颖

本书附配套教材，下载地址如下：
http：//www.cabp.com.cn/td/cabp19400.rar

建筑遮阳产品应用手册
顾端青 主编
孙宝莲 张龙明 张震善 副主编
*
中国建筑工业出版社出版、发行(北京西郊百万庄)
各地新华书店、建筑书店经销
北京天成排版公司制版
北京凌奇印刷有限责任公司印刷
*
开本：787×1092 毫米 1/16 印张：9¼ 插页：6 字数：230 千字
2010 年 8 月第一版 2012 年 3 月第三次印刷
定价：**29.00** 元（附网络下载）
ISBN 978-7-112-12127-4
(19400)

编　委　会

编　委　简　介

顾端青　工程师，男，上海青鹰实业股份有限公司董事长，上海市装饰装修行业协会副会长，中国建筑业协会建筑节能分会常务理事

孙宝莲　教授级高工，女，上海现代建筑设计集团专家组专家

张震善　高工，男，上海青鹰实业股份有限公司副总经理

李峥嵘　教授，博导，女，同济大学暖通与燃气研究所副所长

张龙明　高级室内设计师，男，上海市建筑学会室内外环境设计专委会秘书长

陆津龙　高工，男，上海市建筑科学研究院有限公司工程及材料检测技术研究所所长

蔡　婷　工程师，女，上海筑京现代建筑技术信息咨询有限公司总经理

岳　鹏　工程师，硕士，女，国家建筑工程材料质量监督检验中心建筑遮阳、玻璃实验室主任

赵士怀　教授级高工，男，福建省建筑科学研究院总工

王云新　高工，男，福建省建筑科学研究院绿色建筑与建筑节能研究所副所长

徐梦华　工程师，男，上海青鹰实业股份有限公司设计经理

查建冬　工程师，男，上海青鹰实业股份有限公司技术经理

序

在发达国家，建筑遮阳产品已得到广泛应用，在欧洲一些国家甚至家家户户普遍采用遮阳产品，遮阳产业已成为大规模工业化生产的一个重要行业。十多年来，我国建筑遮阳的应用稳步发展，建筑遮阳产业方兴未艾，现在国家在公共建筑和居住建筑节能设计标准中对建筑遮阳已有明确规定。随着节能减排要求的深入，人民生活水平的提高，以及扩大内需的需要，近一二十年，建筑遮阳产品必将在我国快速推广，为国家经济社会的可持续发展作出重要贡献。

建筑遮阳对夏季隔热与节约能源的作用巨大。夏季，大量太阳辐射热从玻璃窗进入室内，使室温增高，不得不加大空调功率。大面积玻璃窗还带来眩光和室内物品变色等问题。夏季强烈的太阳辐射是高温热量之源。有如此多的热量会透过玻璃窗进入室内，我们用遮阳设施把它挡在室外，而不是先让太阳热进入再用能量制冷抵消后排到室外，这难道不是一种最简单实惠的降温和节能措施吗?

建筑遮阳在冬季还能起到良好的保温和节能作用。冬季窗户耗能约占建筑采暖耗能的一半。冬季昼夜温差大，夜间又较长，温度较低。设置遮阳设施的建筑，在晚间将保温帘板闭合，利用帘板本身的保温密封效果，加上帘板与玻璃窗之间的空气间层保温，可使窗户保温性能提高约一倍。

由此可见，遮阳设施是一种在建筑立面上的重要的多功能构件，是建筑围护结构的重要组成部分，能够调节室内光热环境，保护人们的身心健康，可改善生活质量，提高工作效率，又能节约能源，保护地球环境，对建筑节能减排能够起到重要作用。

建筑遮阳具有良好的节能效果，据“欧洲遮阳组织”于 2005 年 12 月发表的研究报告《欧盟 25 国遮阳系统节能及 CO_2 减排》表明，设置遮阳设施对于减少制冷能耗的效果比减少采暖能耗的效果更为明显。一般情况下，对制冷能耗来说，设置遮阳设施对纬度较低的地区能耗需求降低较多；对采暖能耗来说，设置遮阳设施对纬度较高的地区能耗需求降低较多。总体平均，在欧洲采用遮阳设施可以节约空调用能约 25％，节约采暖用能约 10％。

我国目前还没有做这方面的系统研究。但是，相对来说，中国夏天比欧洲要热得多，中国冬天还比较寒冷，而中国房屋保温隔热质量总体上要比欧盟国家差，可见建筑遮阳的节能效果会比欧洲国家更好。因此，中国建筑采用遮阳设施总体上节约空调用能 25％以上，节约采暖用能 10％以上，应该是做得到的。

欧盟国家已有一半建筑采用遮阳设施。如果经过努力，到 2020 年我国能发展到也有一半左右建筑采用遮阳设施，每年因此减少采暖与空调能耗将远超过 1 亿 t 标准煤，减排 CO_2 将超过 3 亿 t，建筑遮阳的贡献将十分巨大。

在发达国家，经过长期的发展，建筑遮阳产品已是五光十色，极为丰富。中国过去没有遮阳产业，遮阳产业主要是从 20 世纪 90 年代初开始发展起来的。十多年来，我国建筑遮阳产品发展也十分迅速。现在，遮阳产品门类、品种和款式方面与发达国家没有很大的差距，现在中国的遮阳产业已能生产多种多样的遮阳产品，包括技术复杂、自动控制的遮阳产品，许多国际上很先进的遮阳产品我们都能生产，已有一批企业在国际竞争中能不断拿到工程、拿到大批订单，有的企业无论其规模或者技术在世界上都是领先的。

建筑遮阳对于国计民生关系重大，涉及国家每年节约以亿吨计的能耗，惠及亿万人民的生活、工作、健康与舒适，必然是蓬勃发展的朝阳产业，市场潜力十分巨大，但当前在我国实际应用仍然太少，发展速度过慢，国家和许多地方政府正在采取一系列措施抓紧推进，从多方面大力推动。

在建筑遮阳产业蓬勃发展的大好形势下，编辑出版《建筑遮阳产品应用手册》，在中国第一次系统地介绍各类建筑遮阳产品，包括室内遮阳系统、室外遮阳系统以及遮阳控制系统，还有建筑遮阳设计以及建筑遮阳有关情况综述，这对于发展我国建筑遮阳技术、提高建筑遮阳产品质量、普及建筑遮阳知识具有良好的作用，谨对作者们的辛勤劳动和不懈努力表示深切的感谢。

可以相信，在国家的重视扶植下，在全社会的关怀支持下，中国建筑遮阳技术和产业必将有巨大的发展，建筑遮阳产品必将得到广泛的应用，为国家发展和人民生活改善作出重大贡献！

涂逢祥

前　言

2009年底，全世界有识之士都在关注哥本哈根全球气候大会，中国政府的承诺为改善全球节能减排的共识起到了积极作用。作为国人，能为中国承诺做些什么成了我们茶余饭后经常谈论的话题。上海青鹰实业股份有限公司董事长顾端青出于从事事业的理想和社会责任感，热情邀请上海现代设计集团孙宝莲大师、同济大学李峥嵘教授、上海建科院陆津龙所长、高级工程师张震善等专家，以及本人一起，畅所欲言，共商推进建筑遮阳行业发展之事，为节能减排做一点有益的工作。

近日住房和城乡建设部就建筑节能为建筑遮阳的产品、质量、规范等方面制定了19个行业标准，其中包括遮阳通用标准、产品标准、工程标准、检测标准等，这为中国建筑的遮阳节能技术、产品、质量提供了保证，同时也为企业的发展和设计师的应用提供了空间。当下的产品款式、结构、材质、驱动及控制等方面的技术怎样按照国家标准有效地应用到实践当中去，既保证国家节能减排的标准，又要保证建筑功能和美观的体现，广大建筑师、工程师、室内设计师必定成为贯彻执行的重要人员。如何提高设计师参与的积极性，并切实提高他们的工作效率，成了此项工作的当务之急！让所有相关的设计师手上有一本随手可翻、实际可用的全面且专业的技术工具类型的书，那该是一件利国利民、令广大设计师喜欢的大好事。于是，顾端青先生主动请缨捉刀，一本《建筑遮阳产品应用手册》就此诞生，从而填补了国内遮阳应用技术专业书籍的空白。

《建筑遮阳产品应用手册》落点在应用，书中详细介绍了当前国际上所采用的遮阳产品的系列、品种、形式，包括产品的结构、材质、配置等。建筑遮阳技术作为构建生态建筑的核心技术之一，在如何选择产品和安装工艺等方面，本书也作了介绍。

《建筑遮阳产品应用手册》作为广大建筑师、工程师及室内设计师的工具书，就设计师在设计中如何贯彻国家标准，参照和掌握遮阳产品的各种专业数据提供了详细的技术依据。同时为方便设计师掌握和应用，书中详细介绍了建筑外遮阳、内遮阳及电动控制技术产品的系列参数。

书中除了全面介绍各种遮阳产品的构造、面料、控制等及安装，包括电机的技术参数之外，还配置了大量的图例说明，大大方便了广大设计师在工作中的应用，同时随书提供光盘，可供设计师在设计时查阅及复制，为设计师提高工作效率提供了方便。

在编写出版《建筑遮阳产品应用手册》的过程中，上海青鹰实业股份有限公司作出了很大的贡献。上海青鹰实业股份有限公司长期以来从事遮阳系统的积极开拓，努力耕耘，已经成为中国最有影响的从事遮阳行业的专业公司之一。公司提供先进完整的遮阳系列高品质产品，已经为现代城市许多标志性建筑遮阳配套做出创造性设计，为成功编辑《建筑遮阳产品应用手册》奠定了扎实的基础。

《建筑遮阳产品应用手册》的出版得到了上海市建筑学会室内外环境设计专业委员会、上海现代设计集团、同济大学、上海建科院专家的参与和帮助，以及《设计师在线》、《中国遮阳》网站的支持，为之，我代表编委会表示由衷的感谢！我们均是做技术研究的匠人，只是凭一腔热情，把自己在工作中的积累和经验虔诚地奉献给社会和广大读者，尤其是设计师们，书中内容如能有一丁点为你们的工作提供帮助，我们会感到莫大的快乐和欣慰。书中在语法、修辞逻辑等方面难免有幼稚之处，在此也恳请广大读者海涵。

上海市建筑学会室内外环境设计专业委员会秘书长　张龙明

2010年4月9日

目　　录

1 遮 阳 概 述

1.1 建 筑 遮 阳

建筑能耗已经成为当今三大能耗之一，遮阳节能也因此受到人们空前的关注。采用合理的遮阳方式，可以实现冬季保温，夏季隔热，使空调减负。这已经得到理论和实践的证明。

随着建筑理念的变化，追求大视野、亲近大自然的建筑风格兴起，太阳光的紫外线、辐射热、眩光对工作和居住环境的舒适度的影响也已引起重视，建筑遮阳更受关注并得以发展。

在围护结构上通常要构筑窗洞，窗户系统是阳光进入建筑室内的通路，是获得太阳光热的主要途径，也是影响空调负荷的重要因素，当外墙保温节能措施有效推行的情况下，窗洞的遮阳对建筑节能显得非常重要。

节能减排，创建低能耗建筑，可以从以下三个方面深入研究：

(1) 围护结构的热工性能；

(2) 门窗设置合理性及构造设计；

(3) 有效利用和遮挡阳光。

由此可见，建筑遮阳是非常重要的。

所谓建筑遮阳，是指对太阳光线中的辐射热及有害光有遮蔽功能的建筑构件或设施，有别于以装饰为主的传统窗帘的概念，突出了节能理念。

建筑追求大视野，设计窗墙比有着增加的趋势，因而阳光对建筑物的影响就需要使用可调节的建筑遮阳技术对阳光合理取舍，需要的阳光投进室内，遮挡不需要的部分。在对光线进行直分割、横分割、块分割、点分割后，形成有效合理的采光量。遮阳技术的不断更新，出现了大型化、高空化、电动化、遥控化的现代化发展趋势，建筑遮阳已成为建筑节能的重要课题，特别是可调节的建筑外遮阳可以根据采光、通风和热环境的控制需求，灵活调节，实现小气候保护。

遮阳设施对冬季需采暖的建筑而言，尚可降低门窗热损失。

遮阳设施并不降低室内自然采光的照度值，而使室内光线柔和，采光系数均匀，缓解强烈的眩光。

1.2 建 筑 能 耗[1]

图 1-1 简单说明了投射在窗户上的太阳辐射热的分配情况。一般而言，投射到窗户上的太阳辐射热可以分为三个部分：一部分被反射到周围环境或物体上；一部分直接通过玻璃投射进入室内，该部分热量可以占到建筑太阳辐射得热的 80%；还有一部分被玻璃和

窗框等附属构件吸收，这部分热量在随后的时间分为两部分，一部分通过长波辐射和对流的方式释放到建筑外部，另一部分通过长波辐射和对流的方式进入建筑内部。就4mm普通玻璃而言，投射到玻璃上的太阳辐射热中，有83%的热量将进入室内，其中又以辐射得热为主，约占77%(见图1-2)。因此通过窗户的太阳辐射得热是建筑得热和空调负荷的重要内容，是夏季调节室内热环境、降低空调能耗的主要调控对象之一。

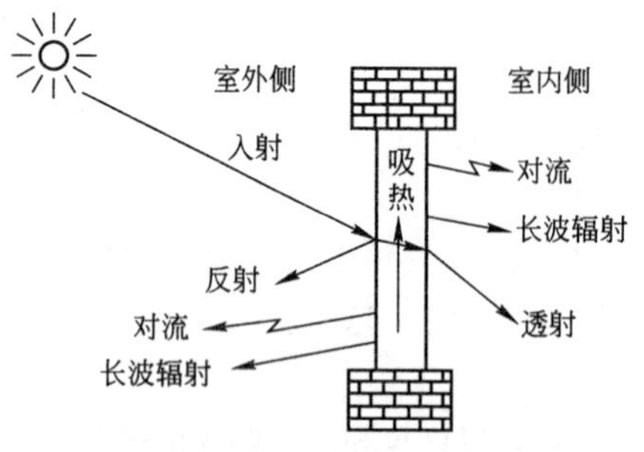

图1-1 投射在窗户上的太阳辐射热的分配情况

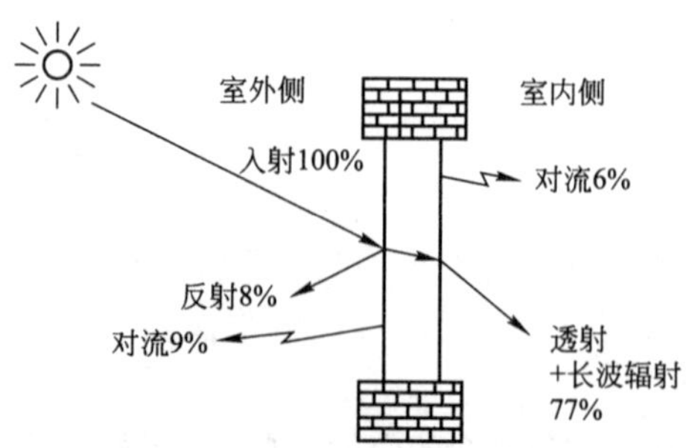

图1-2 投射到4mm玻璃上的太阳辐射热的分配情况

建筑内遮阳(图1-3)和外遮阳(图1-4)的应用则打破了这种太阳得热的分配方式。

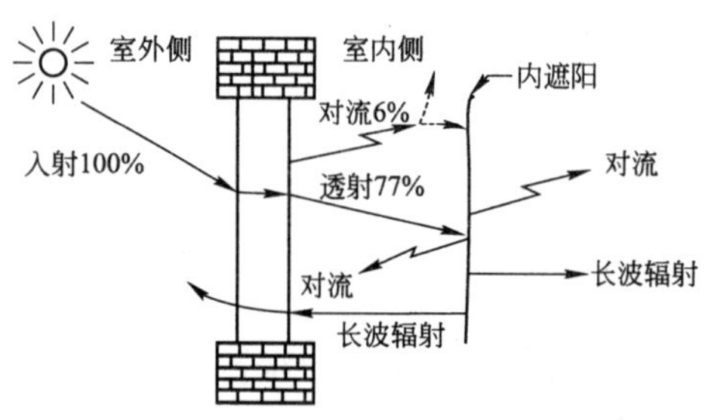

图1-3 内遮阳设施对太阳辐射的影响

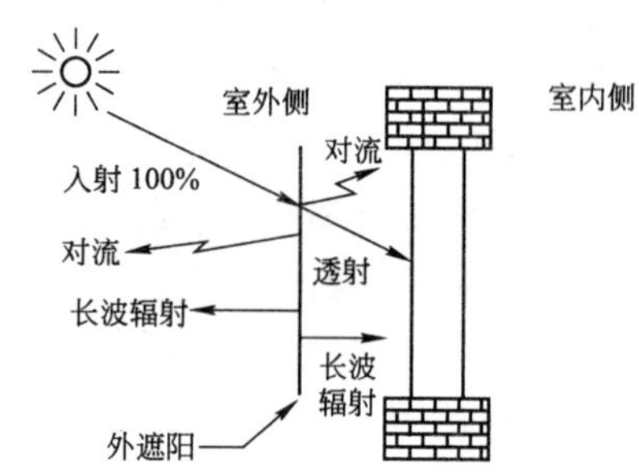

图1-4 外遮阳设施对太阳辐射的影响

在图1-3中，进入窗户的太阳辐射热在内遮阳设施处被二次分配，一部分直接透过遮阳设施进入室内，另一部分被遮阳设施反射，还有一部分被遮阳设施吸收，再由长波辐射和对流方式向室内和室外散发，显然，由于内遮阳设施的存在，进入室内的太阳辐射热在传输过程中受到了阻挡，减少了最终进入室内的热量，从而降低了室内的太阳辐射得热。

图1-4反映了建筑外遮阳设施对太阳辐射得热的干扰。在受到外遮阳设施的阻隔后，太阳辐射热未能直接到达建筑表面，而是在遮阳设施表面被反射或吸收，只有少部分通过遮阳设施而到达建筑表面。这种阻隔作用可以从以下几个方面分析：首先，外遮阳设施可以将来自太阳的直接辐射热量反射给周围环境，大大减少建筑物对太阳的辐射得热；其次，由于外遮阳设施吸收了太阳辐射得热，温度升高，可以通过红外线辐射的方式向周围环境散热，其中有一部分热量可到达建筑表面，其余热量则传递给了周围其他物体，于是降低了建筑表面对太阳的得热。因此，外遮阳设施在降低太阳辐射室内得热方面最为有效，胜于内遮阳设施。

研究表明，外遮阳设施可以降低建筑表面受太阳直接辐射得热的80%，比内遮阳设施更为有效。例如，相同的布帘或软百叶帘，由内遮阳设施变更为外遮阳设施后，传入室内的热量将由 60%降低为 30%，如图 1-5 所示。

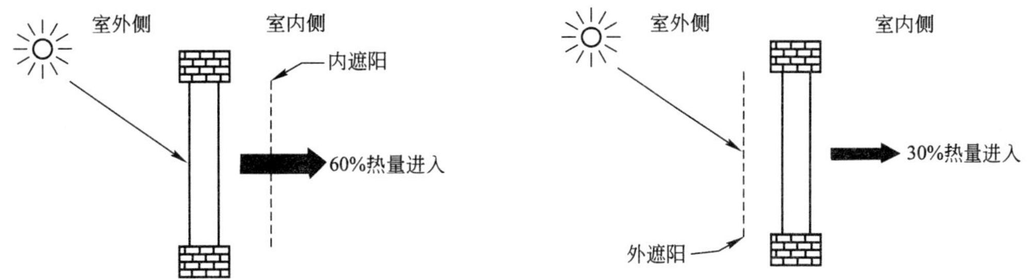

图 1-5 内遮阳变更为外遮阳后传入室内的热量将由 60%降低为 30%

缘于对太阳辐射热的阻挡功能，降低了通过建筑围护体系进入室内的太阳辐射热和空调负荷，建筑遮阳技术在现代建筑设计中得到重视，成为建筑节能的技术措施之一。

与此同时，遮阳设施在一定的气候环境中与通风系统结合，以通风降温的方式，保证非空调季节室内温度处于合适的舒适区间，不仅减少了夏季空调的使用，降低了建筑能耗，而且通风换气系统的运行，可有效排出室内浑浊气体，改善空气品质。

1.3 遮 阳 系 数

1.3.1 遮阳系数计算公式

遮阳系数是在给定的太阳辐射投射角度和太阳辐射波段内，通过某测试窗户系统的太阳得热系数与通过标准单层平板白玻璃的得热系数的比值，在不计太阳辐射波长的影响前提下，遮阳系数 SC 的计算公式如下：

$$SC=\frac{SHGC(\theta)_{控制}}{SHGC(\theta)_{标准}} \tag{1-1}$$

1.3.2 玻璃的遮阳系数

由于太阳辐射投射角度和辐射光谱变化不敏感，从而简化了太阳得热量的计算。在 ASHRAE 规定的夏季工况、ASTM 提供的标准太阳光谱条件下，受到法向辐射时，标准平板白玻璃的 $SHGC$ 为 0.87，SC 为 1.0。

这样，其他玻璃的遮阳系数可以通过以下公式计算：

$$SC=\frac{SHGC(\theta)_{控制}}{0.87} \tag{1-2}$$

当玻璃的厚度不同时，只有玻璃的反射率将受到太阳辐射角度的影响，仍然可以近似地认为 SC 是一个定值。

1.3.3 织物的遮阳系数

织物帘布的遮阳系数与织物所使用的纤维、织造方式、厚度、密度及织物表面涂覆和后整理的材质有关，特别与织物组织的空隙系数(开口率)有关。每一种帘布有不同的纤维、纹理组织、涂层、开口率、色泽，都会影响到阳光透过率、阳光反射率和阳光吸收率，因而影响到遮阳系数。例如，织物正反面的颜色不同，如果将深色面朝向室内、浅色面朝向室外，可以比将浅色面朝向室内、深色面朝向室外达到更好的遮阳效果。

1.3.4 遮阳系数的其他因素

遮阳帘的遮阳系数除了帘布系统以外，还要考虑帘布与窗的间距，以及门窗框料等非透明部分，虽然它们阻止了太阳光辐射入室内，但是它将吸收太阳辐射热量，并以传导、对流和长波辐射的形式将吸收的热量向室内释放，框架较大者，这部分传热量不能忽视，还需要计算门窗系统的直射辐射热和二次传入的热量，计算此类系统的遮阳系数[2]。

遮阳帘是可以活动调节的，如果遮阳帘没有完全闭合，门窗材料分为透明部分和非透明部分，通过整扇门窗的总得热率的计算公式：

$$g_t=\frac{\Sigma A_g\times g_g+\Sigma A_f\times g_f}{A_t} \tag{1-3}$$

式中 g_t——整扇门窗的总太阳得热率；

g_f——门窗框的太阳能投射比，计算公式见式(1-4)；

g_g——玻璃的太阳能投射比；

A_g——门窗玻璃面积；

A_f——门窗框架面积；

A_t——整扇门窗的面积。

$$g_f=\alpha_f\frac{U_f}{\frac{A_{surf}}{A_f}H_{hot}} \tag{1-4}$$

式中 A_{surf}——门窗框在玻璃外侧面的总表面积；

H_{hot}——常数，约为 23；

U_f——框架传热系数，计算公式见式(1-5)。

$$U_f=\frac{1}{R_i+\frac{d}{\alpha_f}+R_e} \tag{1-5}$$

式中 α_f——门窗框表面太阳辐射吸收系数，为 0.5；

R_i——内表面换热热阻，单位是 $m^2\cdot K/W$；

R_e——内表面换热热阻，单位是 $m^2\cdot K/W$；

d——门窗框厚度，单位是 mm。

外遮阳系数可以用季节平均值计算确定[3]：

$$SD=ax^2+bx+1 \tag{1-6}$$

式中 SD——外遮阳系数。

x——外遮阳的特征值，计算公式见式(1-7)。$x>1$ 时，取 $x=1$。

a、b——拟合系数，按表 1-1 选取。

$$x=A/B \tag{1-7}$$

式中 A、B——外遮阳的特征尺寸，按图 1-6～图 1-10 确定。

外遮阳系数计算的拟合系数 a、b **表 1-1**

气候区	外遮阳基本类型		拟合系数	东	南	西	北
严寒地区	活动百叶帘遮阳(图 1-6)和活动铝合金机翼遮阳(百叶水平，图 1-8)	冬	a	0.14	0.05	0.14	0.20
			b	−0.52	−0.31	−0.54	−0.62
		夏	a	0.48	0.58	0.49	0.45
			b	−1.22	−1.35	−1.24	−1.10
	活动铝合金机翼遮阳(百叶垂直，图 1-10)	冬	a	0.31	0.06	0.39	0.19
			b	−0.84	−0.43	−0.93	−0.61
		夏	a	0.14	0.48	0.13	0.61
			b	−0.68	−1.10	−0.68	−1.20
寒冷地区	固定铝合金机翼遮阳(图 1-8)和固定格栅遮阳(挡板式，图 1-9)		a	0.49	0.54	0.53	0.48
			b	−1.22	−1.31	−1.28	−1.14
	固定铝合金机翼遮阳(图 1-10)		a	0.06	0.36	0.09	0.52
			b	−0.38	−0.84	−0.41	−0.98
	活动百叶帘遮阳(图 1-6)和活动铝合金机翼遮阳(百叶水平，图 1-8)	冬	a	0.21	0.04	0.19	0.20
			b	−0.65	−0.39	−0.61	−0.62
		夏	a	0.49	0.54	0.53	0.48
			b	−1.22	−1.31	−1.28	−1.14
	活动铝合金机翼遮阳(百叶垂直，图 1-10)	冬	a	0.24	0.06	0.34	0.19
			b	−0.71	−0.49	−0.80	−0.61
		夏	a	0.16	0.46	0.14	0.66
			b	−0.70	−1.10	−0.69	−1.30
	格栅遮阳(水平式，图 1-7)		a	0.35	0.63	0.35	0.29
			b	−0.76	−0.99	−0.78	−0.54
夏热冬冷地区	固定铝合金机翼遮阳(百叶水平，图 1-8)和固定格栅遮阳(挡板式，图 1-9)		a	0.54	0.56	0.56	0.56
			b	−1.28	−1.32	−1.32	−1.22
	固定铝合金机翼遮阳(百叶垂直，图 1-10)		a	0.09	0.33	0.06	0.58
			b	−0.35	−0.79	−0.31	−1.10
	活动百叶帘遮阳(图 1-6)和活动铝合金机翼遮阳(百叶水平，图 1-8)	冬	a	0.23	0.03	0.23	0.20
			b	−0.66	−0.47	−0.69	−0.62
		夏	a	0.54	0.56	0.56	0.56
			b	−1.28	−1.32	−1.32	−1.22
	活动铝合金机翼遮阳(百叶垂直，图 1-10)	冬	a	0.17	0.11	0.29	0.19
			b	−0.61	−0.60	−0.73	−0.61
		夏	a	0.16	0.45	0.13	0.73
			b	−0.76	−1.00	−0.73	−1.30
	格栅遮阳(水平式，图 1-7)		a	0.35	0.47	0.36	0.30
			b	−0.75	−0.79	−0.76	−0.58

续表

气候区	外遮阳基本类型		拟合系数	东	南	西	北
夏热冬暖地区	固定铝合金机翼遮阳（百叶垂直，图 1-8）和固定格栅遮阳（图 1-9）		a	0.56	0.58	0.55	0.61
			b	−1.31	−1.34	−1.29	−1.25
	固定铝合金机翼遮阳（百叶垂直，图 1-10）		a	0.07	0.18	0.08	0.60
			b	−0.32	−0.60	−0.35	−1.10
	活动百叶帘遮阳（图 1-6）和活动铝合金机翼遮阳（百叶水平，图 1-8）	冬	a	0.26	0.05	0.28	0.20
			b	−0.73	−0.61	−0.74	−0.62
		夏	a	0.56	0.58	0.55	0.61
			b	−1.31	−1.34	−1.29	−1.25
	活动铝合金机翼遮阳（百叶垂直，图 1-10）	冬	a	0.16	0.19	0.20	0.19
			b	−0.59	−0.73	−0.62	−0.61
		夏	a	0.15	0.28	0.15	0.74
			b	−0.82	−0.87	−0.82	−1.40
	格栅遮阳（水平式，图 1-7）		a	0.35	0.38	0.28	0.26
			b	−0.69	−0.69	−0.56	−0.50

注：严寒地区不宜采用固定式外遮阳构造。

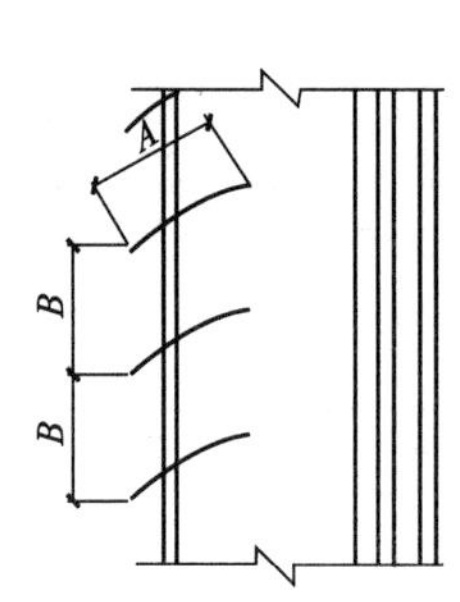

图 1-6 百叶帘遮阳系数计算的特征尺寸

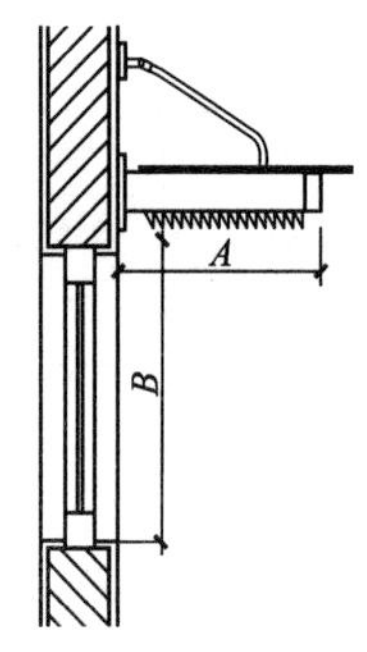

图 1-7 格栅（水平式）遮阳系数计算的特征尺寸

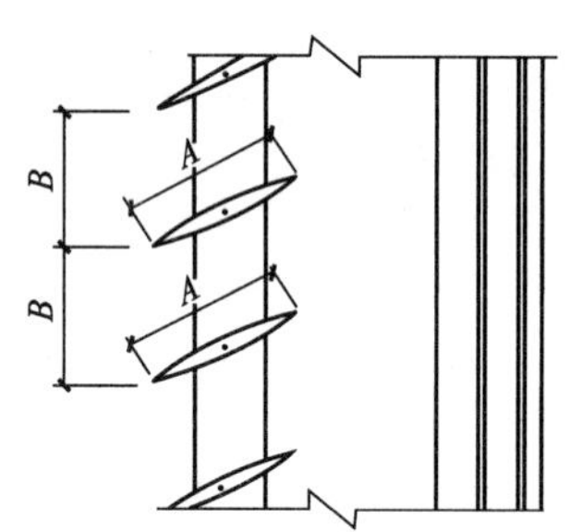

图 1-8 铝合金机翼（百叶水平）遮阳系数计算的特征尺寸

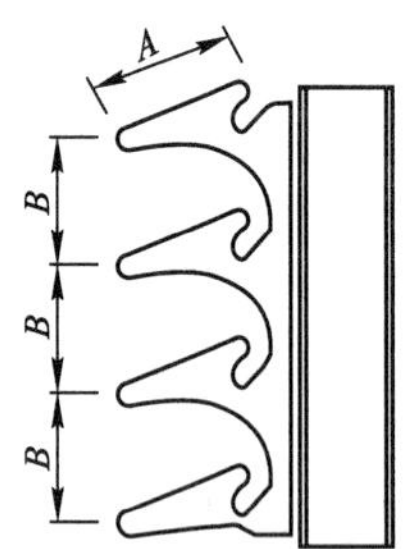

图 1-9 格栅（挡板式）遮阳系数计算的特征尺寸

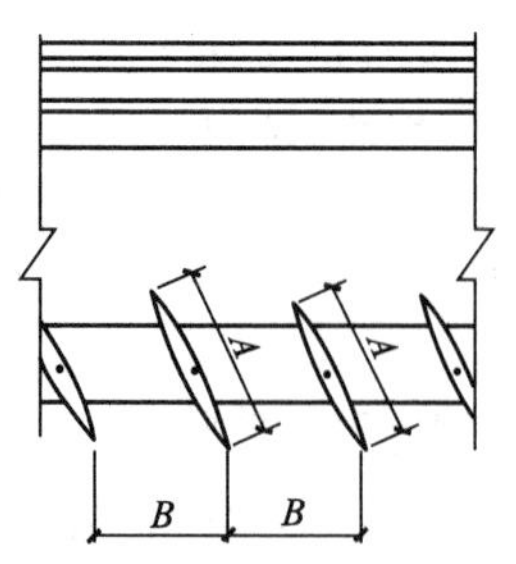

图 1-10 铝合金机翼（百叶垂直）遮阳系数计算的特征尺寸

以上两大类外遮阳的计算均以遮阳材料不具有透光性能计算，当遮阳材料具有透光能力时，应按下式修正。

$$SD=1-(1-SD^{*})(1-\eta^{*}) \tag{1-8}$$

式中 SD^{*}——外遮阳的遮阳板采用非透明材料制作时的外遮阳系数；

η^{*}——遮阳板的透射比，按表 1-2 选取。

遮阳板的透射比 **表 1-2**

遮阳板使用的材料	规　格	η^{*}
织物面料、玻璃钢类板	—	0.4
玻璃、有机玻璃类板	深色：$0<Se\leqslant0.6$	0.6
	浅色：$0.6<Se\leqslant0.8$	0.8
金属穿孔板	穿孔率：$0<\phi\leqslant0.2$	0.1
	穿孔率：$0.2<\phi\leqslant0.4$	0.3
	穿孔率：$0.4<\phi\leqslant0.6$	0.5
	穿孔率：$0.6<\phi\leqslant0.8$	0.7
格栅遮阳（水平式）	—	0.15

1.3.4.1 公共建筑的外遮阳系数应用举例

根据《公共建筑节能设计标准》（GB 50189—2005），遮阳系数＝玻璃遮阳系数×外遮阳系数。

例如：玻璃遮阳系数（指透过实际窗玻璃的太阳能与透过 3mm 厚标准玻璃的太阳能之比）＝0.7（选用单片绿色玻璃）。外遮阳选用国家标准图集《建筑外遮阳（一）》（06 J506—1）中活动铝合金机翼遮阳（百叶垂直式，如图 1-10 所示），且铝合金百叶穿孔率为 0.4，查表 1-2 得透射比为 0.3，活动铝合金机翼遮阳特征值 $x=A/B=0.5$，查表 1-1 得夏热冬暖地区、东向夏季的拟合系数 $a=0.15$、$b=-0.82$。

按公式（1-6）计算得到的外遮阳系数为：

$$SD^{*}=ax^{2}+bx+1=0.15\times0.5^{2}-0.82\times0.5+1=0.63 \tag{1-9}$$

按公式（1-8）计算得到的外遮阳系数为：

$$SD=1-(1-SD^{*})(1-\eta^{*})=1-(1-0.63)(1-0.3)=0.74 \tag{1-10}$$

遮阳系数＝0.7×0.74＝0.52

1.3.4.2 居住建筑的外遮阳系数应用举例

根据《夏热冬暖地区居住建筑节能设计标准》（JGJ 75—2003），综合遮阳系数＝玻璃遮阳系数×窗玻璃面积比。

例如：某工程玻璃遮阳系数＝0.7（选用单片绿色玻璃），则：窗玻璃面积比＝窗玻璃面积/整窗面积＝1.91/2.25＝0.85。外遮阳选用国家标准图集《建筑外遮阳（一）》（06J506-1）中铝合金格栅遮阳系统（水平式，如图 1-7 所示），查表 1-1 得透射比为 0.15，格栅遮阳特征值 $x=A/B=0.4$，查表 1-2 得夏热冬暖地区、东向的拟合系数 $a=0.35$、$b=-0.69$。

按公式（1-6）计算得到外遮阳系数为：

$$SD^{*}=ax^{2}+bx+1=0.35\times0.4^{2}-0.69\times0.4+1=0.78 \tag{1-11}$$

按公式（1-8）计算得到外遮阳系数为：

$$SD=1-(1-SD^{*})(1-\eta^{*})=1-(1-0.78)(1-0.15)=0.81 \tag{1-12}$$

1.4 与建筑遮阳有关的国家标准和行业标准

建筑遮阳节能要求越来越受重视，已经颁布的标准有《夏热冬暖地区居住建筑节能设计标准》（JG/J 75—2003）、《夏热冬冷地区居住建筑节能设计标准》（JG/J 134—2001）和《公共建筑节能设计标准》（GB 50189—2005）等，这些标准对遮阳系数作出规定，同时也明确阐明：无外遮阳时，遮阳系数＝窗的遮阳系数；有外遮阳时，遮阳系数＝窗的遮阳系数×外遮阳的遮阳系数。

随着遮阳行业的发展，为了有效减少石化能源应用，提高建筑热舒适度，减少温室气体排放，减少夏季空调负荷，并提高建筑节能技术水平，住房和城乡建设部下达了编制建筑遮阳标准的任务，其中已有不少通过评审并颁布实施，具体如下：

(1)《建筑遮阳天篷帘》（JG/T 252—2009）；

(2)《建筑遮阳软卷帘》（JG/T 254—2009）；

(3)《建筑曲臂遮阳篷》（JG/T 253—2009）；

(4)《建筑遮阳金属百叶》（JG/T 251—2009）；

(5)《内置遮阳中空玻璃制品》（JG/T 255—2009）；

(6)《建筑遮阳操作力测量试验方法》（JG/T 242—2009）；

(7)《建筑遮阳疲劳性能试验方法》（JG/T 241—2009）；

(8)《建筑外遮阳抗风压试验方法》（JG/T 239—2009）；

(9)《建筑遮阳篷耐积水荷载试验方法》（JG/T 240—2009）。

尚在编制中的遮阳标准具体如下：

(1)《建筑遮阳技术要求》；

(2)《建筑遮阳工程技术标准》；

(3)《建筑遮阳制品遮光性能试验方法》；

(4)《建筑遮阳隔热性能试验方法》；

(5)《建筑遮阳隔声性能试验方法》；

(6)《建筑遮阳用电机技术条件》；

(7)《建筑遮阳热舒适，视觉舒适性能与分级》；

(8)《建筑遮阳制品误操作试验方法》；

(9)《建筑遮阳制品电力驱动装置技术要求》；

(10)《密封百叶窗气密性试验方法》。

1.5 建筑遮阳的分类

建筑遮阳初步形成了完整系列，已充分具备提供选择的条件。

1.5.1 按安装位置分

(1) 外遮阳：室外翻板、室外百叶帘、遮阳篷等；

(2) 内遮阳：室内窗帘、室内百叶帘、天篷帘等；
(3) 中置遮阳：呼吸幕墙、中空玻璃百叶等。

1.5.2 按调节性能分

(1) 季节性：树木绿化、临时设施；
(2) 固定的：建筑层次、翘檐走廊、固定遮板；
(3) 活动的：建筑遮阳基本可调节的。

1.5.3 按驱动方式分

(1) 手动：珠、绳、节、线、曲柄定轮；
(2) 电动：交流管状电机、直流电机、电池驱动电机、推杆电机、交流同步电机；
(3) 两用：既可手动，又可电动。

1.5.4 按控制方式分

(1) 单控(无线电式、红外式)；
(2) 群控(组控)；
(3) 传感器自动控；
(4) 智能控。

1.5.5 按面料材质分

(1) 纺织品(玻璃纤维、涤纶纤维、腈纶纤维)；
(2) 铝合金；
(3) 木材；
(4) 竹料；
(5) 塑料。

1.5.6 按产品分

(1) 卷帘(拉珠、弹簧、电动)；
(2) 垂帘(直线、弧形)；
(3) 艺术帘(布帘、百褶帘、升降帘、蜂房帘、香格里拉帘、竹帘)；
(4) 天篷帘(张紧式卷取、弹簧卷取、扭力卷取、循环卷取、轨道式)；
(5) 室内百叶帘(铝、木、塑)；
(6) 室外百叶帘(L形片、C形片)；
(7) 卷闸门窗；
(8) 翻板(梭形、异形、钩形、组合式)；
(9) 遮阳篷(平推曲臂、摆转曲臂、斜伸曲臂)。

2 遮 阳 设 计

2.1 遮阳的建筑设计和装潢设计

遮阳对建筑有重要作用。古今中外的建筑设计已达共识，都有遮阳设计概念。对太阳几何学深层次地研究并取得突破性进展，生态理念深入人心，建筑遮阳逐步走向现代化，形成遮阳体系，在外形、方位、角度、尺度、密度等方面有了精确的考量。通过遮阳改善室内热环境和光环境，立面设计比以往任何时候更加多样化，形状、材质、色彩等方面出现前所未有的搭配形式，新材料、新技术不断涌现，快速进步，形成了多元化、个性化的复杂而精细的现代遮阳技术与风格。

通常可活动调节的遮阳设施列入装潢范畴，多为一般性浅度设计。如今国家对遮阳系数有了强制性指标，建筑遮阳成为建筑设计的主要内容之一，《公共建筑节能设计标准》(GB 50189—2005)已制定新的设计方法，部分刚性的参数已被突破，满足建筑节能设计的实际需求。同时，标准中的强制性条文，是达到预定建筑节能目标的重要保证。施工图审查制度进一步推动了建筑设计中的遮阳设计部分。设计时综合考量遮挡节能、舒适、易控、美观、安全，更加全面地理解遮阳。

2.2 遮 挡 性 设 计

2.2.1 遮阳帘在不同朝向的遮挡性[1]

遮阳的首要任务是调节建筑的太阳辐射得热。由于太阳运动、地球运动和建筑本身的因素，太阳辐射随时间、地点和季节变化而变化，不同朝向采用与之相适应的外遮阳措施效果最佳。不同朝向上外遮阳设施构造的适应性见表 2-1。

不同朝向上外遮阳设施构造的适应性　　表 2-1

适用朝向	遮 阳 板 形 式
南向	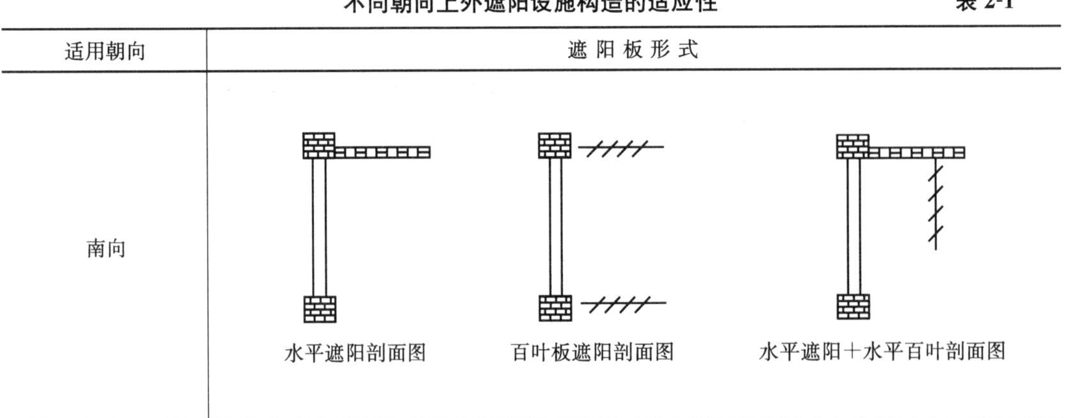 水平遮阳剖面图　百叶板遮阳剖面图　水平遮阳＋水平百叶剖面图

续表

适用朝向	遮阳板形式
南向、东南、西南	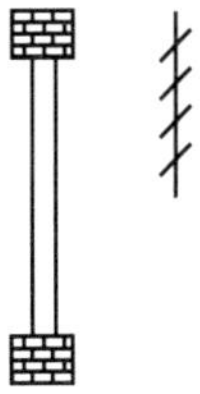 水平百叶板遮阳剖面图
东南、西南	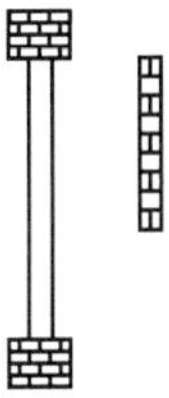 垂直遮阳剖面图
东北、东向、南向、西向、西北	 外侧百叶遮阳剖面图
西北、北向、东北	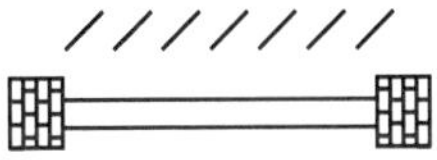 垂直百叶遮阳平面图
东北、东向、东南	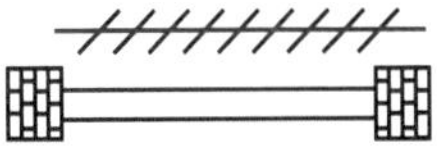 可动垂直百叶遮阳平面图
西南、东南、西北、东北	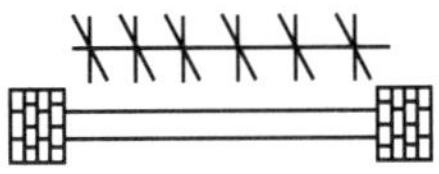 格子百叶遮阳平面图

2.2.2 遮挡与光的分割

不同的遮阳方式常将阳光切割成水平状、垂直状、块状或点状。正是这种横分割、竖分割、块分割、点分割，创造了通透性、美观性、舒适性，演绎出千变万化的光影效果和室内氛围。横分割的有百叶帘、水平翻板等，竖分割的有垂直帘、直立翻板等，块分割的有卷帘、升降帘、天篷帘、遮阳篷等，点分割的有开孔面料、开孔百叶、开孔翻板等，不分割的有全遮光帘。

2.2.3 遮挡与阳光反射率

由于遮挡面的阳光反射率不同，影响遮挡性。不同材质、不同组织、不同织物后整理、不同开口度，造就不同面料有不同的反射率。反射率越大，遮挡性越好。反射率不仅取决于材质，而且与面料织物纹理、表面状态、开口程度、厚度、颜色深浅相关。通常金属、硬质材料的反射率优于纺织面料。在纺织面料中厚织物、浅色织物及遮挡面有反光涂层，则遮挡性好。

2.2.4 遮挡物选择

作为遮阳帘的阳光遮挡物，基本以铝合金和纺织面料为主，其遮挡性除了和材质相关以外，还和遮阳帘的其他因素有关。铝合金帘遮挡性见表 2-2，织物帘遮挡性见表 2-3：

铝合金帘遮挡性 表 2-2

特　征	带封闭罩轨	开孔率低	叶片阔	叶片异形	叶片间有胶衬
高 铝合金遮挡性 低	↑	↑	↑	↑	↑
特　征	不带封闭罩轨	开孔率高	叶片窄	叶片平	叶片间无胶衬

织物帘遮挡性 表 2-3

特　征	带封闭罩轨	开孔率低	反光涂层	厚	颜色浅	密度高
高 织物帘遮挡性 低	↑	↑	↑	↑	↑	↑
特　征	不带封闭罩轨	开孔率高	无涂层	薄	颜色深	密度低

2.3 舒适性设计

2.3.1 视觉舒适

2.3.1.1 固定遮阳的通透性

隐藏式窗户本身就是一种固定遮阳设施，具有很好的外观效果，是一种简单、一劳永逸的设施。在阻挡直射阳光方面很有效，但在正面没有遮挡，因而不阻挡散射和反射光，显得通透。

固定遮阳板是常见的遮阳设施，用于遮挡太阳高度角比较大的直射阳光，制成百叶形式，还是能使散射光和空气自由通过。

2.3.1.2 可调节、可展收遮阳的通透性

可调节的遮阳设施既能阻挡阳光，也能允许部分阳光入室，尤其当处理低角度直射、散射和反射光时非常有效。它按需调节室内照度，可以满足室内采光要求。遮阳设施可伸展收合，协调遮挡和通透的需求。夏季、冬季、上午、下午、白天、黑夜可随意调节，创造舒适的光环境。

2.3.1.3 眩光控制

遮阳设施能在兼顾室内照度和通风的前提下减少太阳得热。室内不仅要有足够的照度，而且应有均匀的光环境。使用遮阳设施后，遮阳设施对光起了再分配作用，尤其在靠近建筑外墙的区域内，光亮度降低非常明显。但是光被切割成条状、块状、点状，从而使室内的采光性能趋于一致，照度趋于均匀，光线显得柔和，减少了建筑窗洞造成的眩光给工作和生活带来的困扰。如果配备反射型遮阳设施，将室外自然光引导至室内，或者遮阳设施的特殊防眩光设计，上部可以反射到屋顶的部分具有较好的透光率，则可以增加室内自然采光的照度水平，节能效果更为明显。

2.3.2 室内环境的热舒适

2.3.2.1 隔热性

进入室内的总太阳辐射热量由两部分组成。第一部分是太阳辐射热量直接透过遮阳制品开口处进入室内；第二部分是遮阳制品吸收太阳辐射热后再次辐射、对流、传导进入室内。后者取决于遮阳制品的材料、产品形式、安装位置及方式，在理论上很难判定其遮阳系数，可以通过试验测定总太阳辐射得热的方式来评定遮阳制品的隔热性能。

2.3.2.2 通风性

遮阳设施在夏季遮阳降温的同时，也会影响建筑物自然通风。无论内遮阳还是外遮阳，在遮挡太阳辐射热的同时都吸收了部分太阳辐射热量，并且温度有所上升，如果没有良好的通风使之温度有所下降，那么遮阳制品本身成为辐射源，将以长波辐射的方式进入室内，增加空调负荷。为此，需要注意选择遮阳设施的形式或安装位置，组织良好的通风渠道，尽可能带走遮阳设施吸收的热量，从而减少空调负荷。对于需要通风的潮湿地区而言，需要注意遮阳设施不能影响自然通风。遮阳设施的可调节性，实现了节能，实现了适宜温度、有新鲜的空气流通、有适宜湿度以及大视野观景的舒适环境。

2.4 艺术性设计

2.4.1 外立面的和谐美[1]

遮阳装置要和建筑物整体设计协调，要把建筑遮阳系统作为建筑外观的一个组成部分来统一设计、组合应用，就可以创造并丰富建筑外立面，遮阳系统使建筑物与环境相协调。

遮阳构件以细线、粗线、块体形式，充实建筑立面构图元素。线的间隔距离的划分与建筑楼层和高度协调，增强建筑尺度感，横向水平遮阳叶片连接，延展建筑立面水平方向尺度感。总之不同形式的遮阳板足以丰富建筑物立面形态，使建筑物生动富于想象，可调节外遮阳装置可以补充立面设计，成为标志性亮点，给予建筑灵动感，造就崭新建筑形态，丰富建筑表情。

2.4.2 室内装饰美

遮阳技术设计应与室内氛围协调，遮阳设施是室内设计的重要立面设计，产生的光影造型效果是非物质要素，遮阳设施分割光线的功效丰富了光影变幻，增进了室内层次感、空间感。

可调节遮阳装置，使用者可自主控制遮阳、扩展视野、通风采光，可调节遮阳能升降、伸展、收合、翻转，单独的和整体的动作赋予室内动感与活力。

遮阳装置本身是内墙面装饰制品，精美的材质、灵动的结构、多变的面料，与室内装修装饰相协调，或呈现鲜明对比，增进环境美感，提高室内品位，被称为软装修设计。

2.5 安全性设计

2.5.1 遮阳装置的防风雨、抗雪雹及抗震设计

未经过特殊设计，一般遮阳产品是经不起长时间风雨侵袭的。凡是外遮阳产品，原则上在风雨雪天气收合为宜，但应能承受一定的风力。遮阳篷类产品，可以配置风雨、温度传感器，使用自动控制手段自我保护。室外百叶帘、遮阳板类等通常能够承受风力达八级以上，开孔百叶和开孔遮阳板尚能承受台风。

北方地区室外遮阳产品应能够及时收拢或具有承受雪载荷能力，同时室外遮阳装置也应考虑能够承受一定震级的地震力。

遮阳篷不等同遮雨篷，尽管遮阳篷一般也可能承受降雨的负荷，但雨天还是能够收拢为好，或者配置传感器实现自动收回。

2.5.2 遮阳帘布的阻燃、无毒、无气味、耐老化性设计

公共建筑选用的遮阳帘布都应符合消防规范指定的阻燃要求，按建筑物的性质与等级可以有不同的阻燃标准，同时满足离开明火后的燃烧性能和氧指数及烟气蔓延。

作为遮阳制品，应符合行业标准的若干规定，帘布织物经长期阳光照射，会产生某种气味，甚至产生某种有害气体，且色质变色衰减，质地脆损，这些都与标准要求不相符合，影响遮阳帘布的使用性能。

2.5.3 操作安全和耐久性

遮阳制品的操作通常有手动和电动两种方式。无论手动操作还是电动操作时，用户与产品及其零部件之间的接触，应不会造成伤害，防止因误操作、无知操作、反向操作等引发伤害。可能接触到人的组件不得有任何突出的边角，位于永久性入口处或地面以上高度小于2.5m的任何遮阳篷结构中的任何可活动的零件，应为最小半径0.5mm的圆形。其前端的插头最小半径为0.5mm，或用泡沫塑料或橡胶镶边，或用泡沫塑料或橡胶可靠防护。

在带有挑出遮阳篷的建筑物，其设施或部件应不致发生脱落及任何危险。带导轨的电动外遮阳装置操作时应避免或减少破碎或受剪切的危险。

电动制品所使用的电机应符合建筑遮阳用电机技术条件，经选电机的扭矩应该通过计算，确保不发生过载使用及部件坠落。

遮阳制品以开启收合为一个循环次数，通常以循环次数标志制品的耐久性，遮阳制品耐久性有不同等级，如外遮阳二级耐久性应达到7000循环次数，即相当于每天启闭两个循环可用10年之久。

安装遮阳制品还应关注是否影响火警事故处理，整个遮阳系统宜使用智能化控制与消防报警装置联动控制，确保遮阳装置安全使用。

2.6 操作性设计

2.6.1 手动控制

小型的遮阳制品可以采用手动控制，如拉珠、拉带、弹簧、绞盘等方式，属简易的操作方式。当遮阳制品较大、较宽、较高、较远时，宜采用电动控制。

2.6.2 电动控制

电动控制用拨动开关、微动开关已被广泛采用。使用红外线、无线、有线、电脑遥控，更为方便。

电动控制分为单控、群控、传感器自动控(风控、日光控、雨控、温度控)和智能控。智能控包含遮阳装置跟踪控制，遮阳与开窗、照明组合控制，点、面、楼层、区域的个别控制或集中控制。控制软件有通用控制软件，有量身定做控制软件。可通过网线或光缆传输控制实现中心控制。凡建筑群体较大时，控制单体的距离、控制项目、控制软件、传输都应引进开发新技术。遮阳制品的技术含量正在日益提高，遮阳控制的技术水平与时俱进，新技术、新材料日新月异，越来越多的现代化装置出现在遮阳制品中。

2.7 遮阳制品的技术参数对功能的影响

遮阳制品的不同技术参数对功能有不同的影响，见表 2-4。遮阳产品设计应用推荐见表 2-5。

遮阳制品的技术参数对功能的影响　　表 2-4

	技术参数	对功能的影响					
		遮挡	舒适	美观	安全	耐久	易控
面料	成分	√	√	√	√	√	
	空隙系数(开口度)	√	√	√			
	紫外线穿透系数		√				
	遮阳系数	√	√				
	组织	√	√	√			
	厚度	√	√	√	√	√	
	颜色	√	√	√			
	平方米重量	√			√	√	
	断裂强力	√			√	√	
	撕破强力				√	√	
	日晒色牢度等级		√	√		√	
	耐气候色牢度等级		√	√		√	
	阻燃等级				√		

续表

	技术参数	对功能的影响					
		遮挡	舒适	美观	安全	耐久	易控
电机	额定扭矩				√	√	
	额定初速				√		
	额定电压				√		√
	额定电流				√		√
	连续工作时间				√		
	整体结构防护等级				√		
	过热自行防护				√		
机构	底轨	√	√	√	√		
	顶轨	√	√	√	√		
	封闭罩壳	√	√	√	√		
	安装座			√	√	√	
	卷管			√	√	√	
	配件			√	√	√	√
	导向结构			√	√	√	
叶片	厚度			√	√	√	
	宽度	√	√	√			
	开口度	√	√	√		√	
	形状	√	√	√		√	
	成分			√	√	√	
控制件	软件				√		√
	开关				√		√
	控制器				√		√
	传感器				√		√
	发射器				√		√
	接收器				√		√

遮阳产品设计应用推荐表 **表 2-5**

产品类别 \ 建筑类别		低能耗工程	低能耗住宅	高层住宅	一般住宅
外遮阳	翻板	√	○	○	○
	EES 百叶帘	√	√	√	√
	百叶帘移窗	√	√	√	√
	室外卷帘	√	√	√	√
	卷闸窗	√	√	√	√
	斜伸式曲臂遮阳篷	√	√	√	√
	平推式曲臂遮阳篷	○	○	×	√
	室外天篷帘	√	○	×	×

续表

产品类别 \ 建筑类别		低能耗工程	低能耗住宅	高层住宅	一般住宅
内遮阳	室内天篷帘	△	△	△	△
	卷帘	△	△	△	△
	垂帘	△	△	△	△
	布帘	△	△	△	△
	艺术帘	△	△	△	△

注：“√”表示有较好节能效率；“△”表示有节能功能；“○”表示有条件应用，有较好的节能效果；“×”表示不推荐。

3 室内遮阳系统

3.1 软卷帘

软卷帘是采用卷取方式使软性材质的面料伸展收回的遮阳装置。使用时软卷帘面料与水平面夹角大于75°。拉珠软卷帘采用手动拉珠装置，用手拉动珠链，旋转卷管使软性面料收展。弹簧软卷帘是采用手动弹簧装置，带动软卷管旋转使软性面料收展。电动软卷帘是采用电动系统旋转卷管使软性面料收展。拉珠软卷帘、弹簧软卷帘、电动软卷帘分别简称为拉珠卷帘、弹簧卷帘、电动卷帘。

3.1.1 行业标准编号

软卷帘的各项指标应符合《建筑遮阳软卷帘》(JG/T 254—2009)的标准规定。

3.1.2 分类和标记

建筑用遮阳软卷帘按内外遮阳可分为：

(1) 室外软卷帘，代号为W；

(2) 室内软卷帘，代号为N。

建筑用遮阳软卷帘按操作装置可分为：

(1) 拉珠软卷帘，代号为L；

(2) 弹簧软卷帘，代号为T；

(3) 电动软卷帘，代号为D。

建筑用遮阳软卷帘按帘布材质可分为：

(1) 玻璃纤维软卷帘，代号为B；

(2) 聚酯纤维软卷帘，代号为J；

(3) 其他软卷帘，代号为Q。

软卷帘标记：

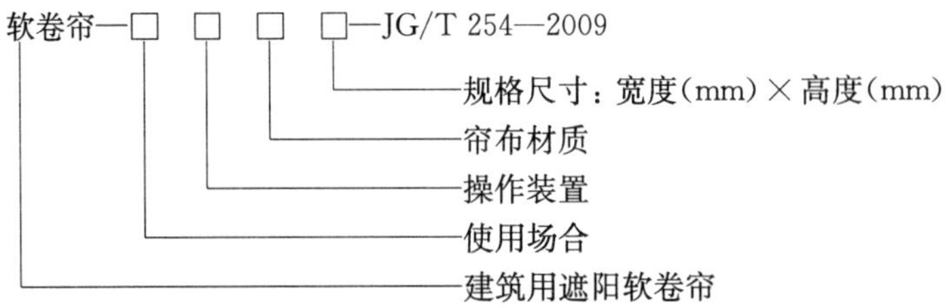

示例：软卷帘-NDB1250×2000—JG/T 254—2009表示宽度为1250mm、高度为2000mm的玻璃纤维帘布电动内遮阳软卷帘。

3.1.3 拉珠卷帘

3.1.3.1 结构图

拉珠卷帘结构图见图 3-1。

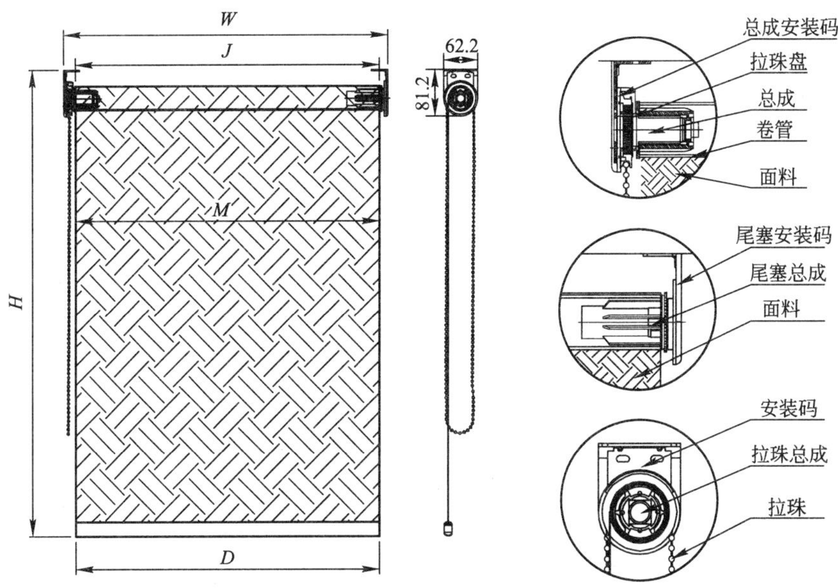

图 3-1 拉珠卷帘结构图

W—卷帘宽度；*J*—卷管宽度；*M*—面料宽度；*D*—底轨长度；*H*—卷帘高度

3.1.3.2 适合场所及应用实例

拉珠卷帘适用于室内遮阳，遮阳面积在 10m^2 以内。具有操作简单、拉动顺畅、噪声较小、使用寿命长的特点。面料遮阳系数可在 0.1～1 之间选择。遮阳系数为 0 时，相当于全遮光及全遮热状态，遮阳系数为 1 时，相当于全部开启。拉珠卷帘应用实例如图 3-2 所示。

(*a*)

(*b*)

图 3-2 拉珠卷帘应用实例

3.1.3.3 拉珠卷帘系统

拉珠卷帘机构的核心装置称作拉珠总成，由轴轮、珠轮、扭簧、卷轴、支撑板等配件组成。拉动拉珠，带动珠轮旋转、卷管旋转，使面料上升或下降；拉动停止机构自锁，使面料保持定位，不会坠落。拉珠卷帘配件表见表 3-1。

拉珠卷帘配件表 **表 3-1**

序号	配合名称	数　量	单　位	备　注
1	ϕ40 拉珠总成	1	套	
2	拉珠、珠扣	2×高度	m	
3	40 卷管	宽度	m	
4	底轨封套	1	套	
5	底轨	宽度	m	
6	面料(选择)	宽度×高度	m^2	
7	挂脚	2	个	
8	罩壳、顶轨	长度	m	罩壳式选用
9	导向槽	2×长度	m	导轨式选用
10	导向槽安装脚	4	个	导轨式选用

卷管使用表面阳极氧化处理的铝合金管。面料端部与 PVC 硬片连接后插进卷管的特殊设计的槽中，从而使面料端部固定在卷管中，当卷管旋转时，带动面料平幅整齐包覆在卷管上。

底轨(下轨、下梁)由表面喷涂处理的铝合金制成，形状有圆形、长方形及橄榄形等供选择。底轨两端有由封头套住，美观又耐用。拉珠卷帘底轨类型见表 3-2。

拉珠卷帘底轨类型表 **表 3-2**

底轨形式	QY-13	QY-14	QY-15	QY-22
规格	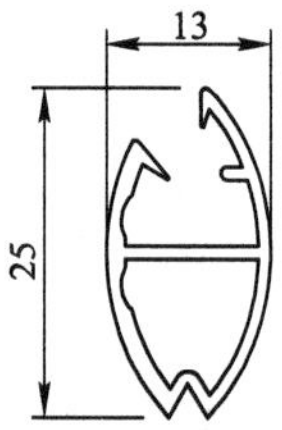 13；25	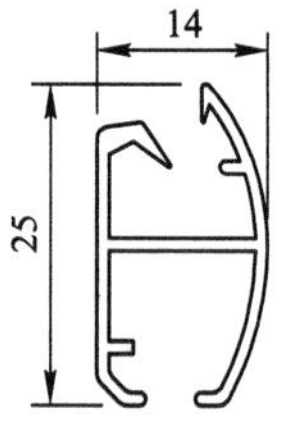 14；25	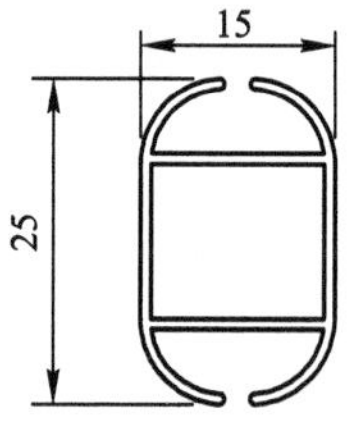 15；25	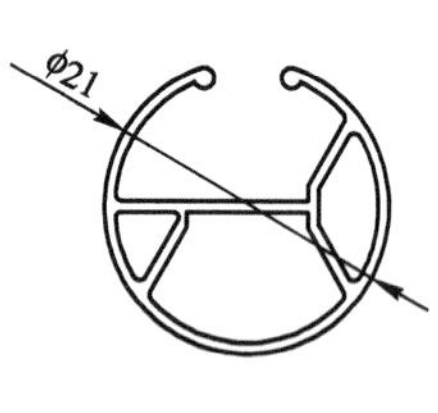 ϕ21

机构的塑料配件选用抗紫外线型塑料粒子制成，能经受日光紫外线的强辐射。

珠链有多种形式，珠大、珠密可以使拉珠和珠轮之间接触面增加，提高操作平稳度。

为了使机构外观简洁，收合在顶部时不显眼，可以配置罩壳，使整套系统隐蔽在罩中。应用于全遮光时，可使用边轨遮挡面料与窗框之间的空隙。

3.1.3.4 承载力选用参数表

承载力选用参数见表 3-3。

承载力选用参数表　　表 3-3

卷管外径	卷管截面图	总　　成	最大宽度	最大高度	最大面积
φ28	 φ28	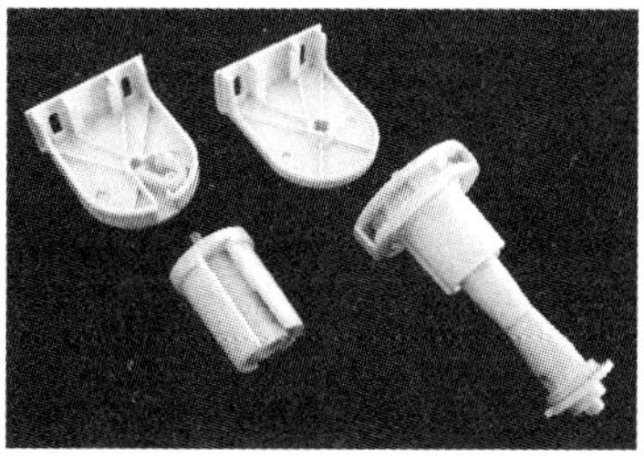	2.5m	4m	7.5m²
φ35	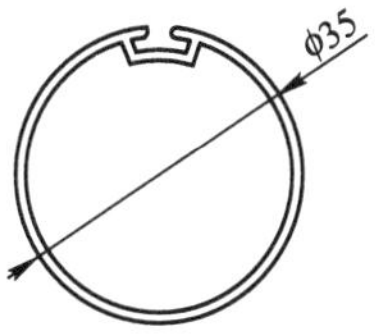 φ35	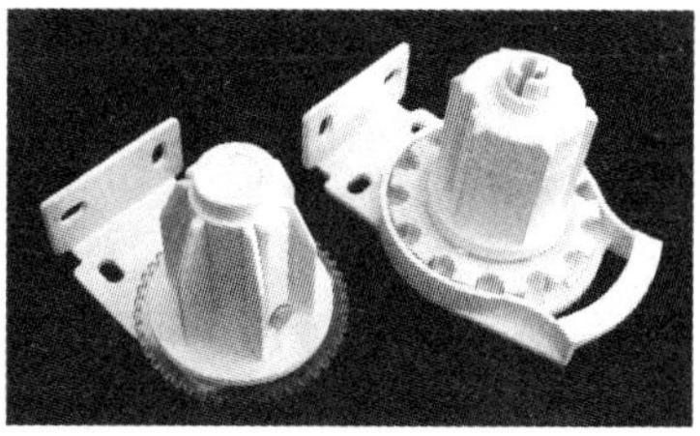	2.5m	4m	7.5m²
φ40	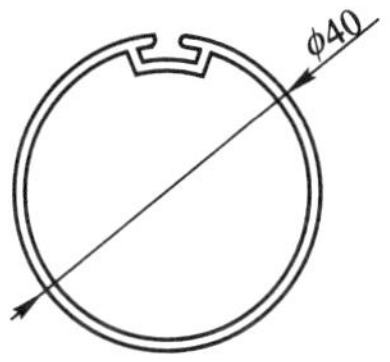 φ40	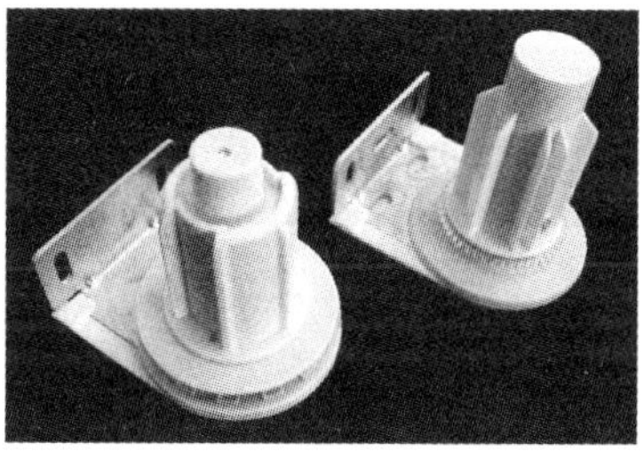	2.5m	4.5m	10m²
φ47	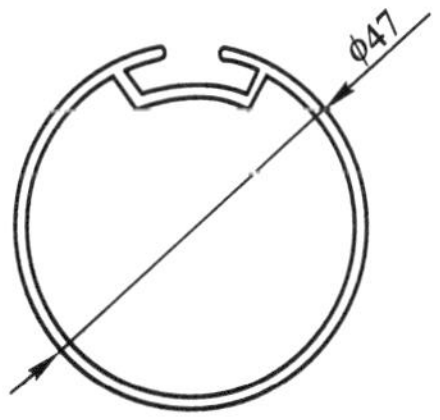 φ47	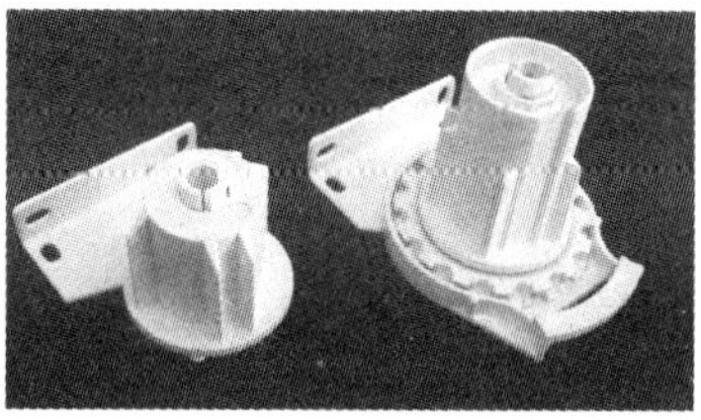	2.5m	5m	12m²

3.1.3.5 安装图

拉珠卷帘框内安装图如图 3-3 所示，拉珠卷帘框外安装图如图 3-4 所示。

侧轨框内安装图如图 3-5 所示，侧轨框外安装图如图 3-6 所示。

3.1.3.6 面料选用参数

面料有许多参数影响遮阳产品的功效，卷帘用 5100 型面料的具体参数见表 3-4。

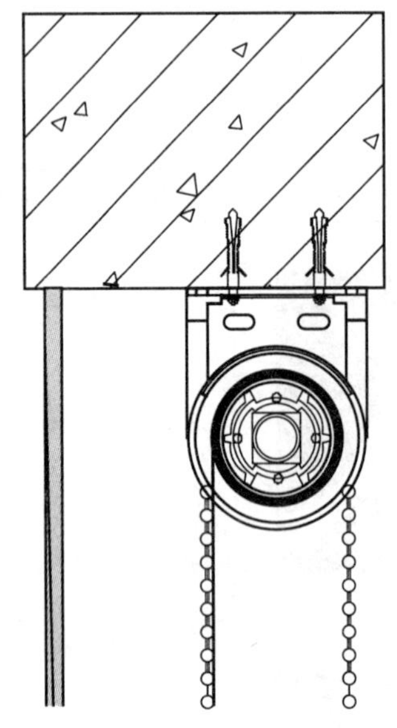

图 3-3　拉珠卷帘框内安装图

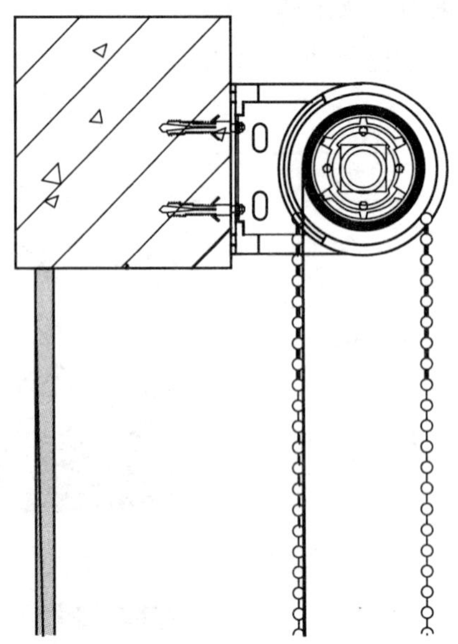

图 3-4　拉珠卷帘框外安装图

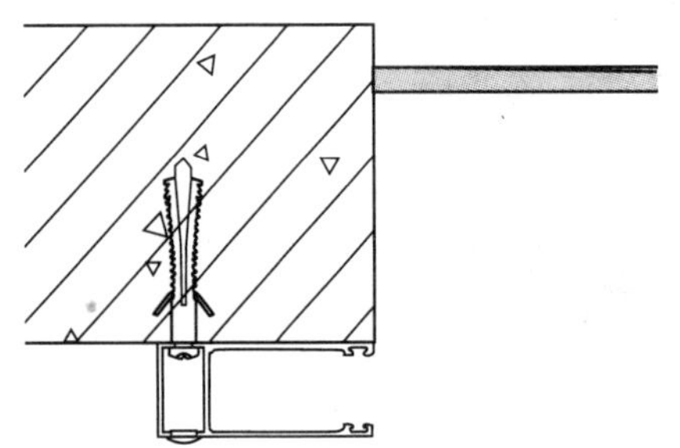

图 3-5　侧轨框内安装图

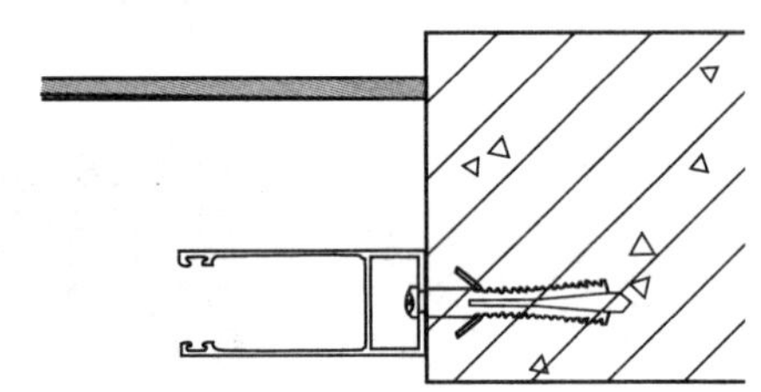

图 3-6　侧轨框外安装图

卷帘用 5100 型面料参数　　　　**表 3-4**

序号	项目	数值及特征
1	成分	玻璃纤维覆裹 PVC 织物(36%玻璃纤维、64%PVC)
2	密度	经向：22 根/cm(±0.5%) 纬向：20 根/cm(±0.5%)
3	组织	斜纹组织
4	每平方米重量	410g(±0.5%)
5	厚度	0.7mm(±0.5%)
6	空隙系数	5%
7	抗紫外线系数	达 93%
8	防火等级	B1(中国)(根据 GB 50222—1995)
9	幅宽	250cm
10	颜色	12 种颜色

续表

序号	项目	数值及特征
11	抗拉强度	经向：＞150daN/5cm 纬向：＞150daN/5cm
12	断裂前伸长	经纬向：＜5％
13	抗撕裂强度	经纬向：6～10daN/5cm
14	稳定性测试	70℃的高温下放置7d或40℃的热水中浸泡16h后面料尺寸变形小于0.2％
15	日晒色牢度	7～8(不包括白色)(根据GB/T 8427——2008)
16	标记性	数字喷绘、丝网印刷、转移印刷、喷绘
17	加工方式	焊接(高频、热焊、超声波)或缝制

我们还要关注织物的组织结构，如斜纹织法两面颜色不同可以更好地满足隔热和遮光的要求，斜纹织法能更好地控制眩光。另外标准包装的长度及情况维护方法对使用也有重要意义。

卷帘用5100型面料遮阳性能见表3-5。使用此表格来评定面料的遮阳性能，测算对取暖、空调和照明的需求量。

卷帘用5100型面料遮阳性能 **表3-5**

系数 / 颜色		*TS*	*RS*	*AS*	*TV*	*SC*(室内)	
						1/4″Cl	1/4″HA
0202白色		25	63	12	24	0.38	0.34
M79米色/灰色/棕色	A	9	23	68	9	0.59	0.45
	B	9	37	54	9	0.50	0.41
M84 白色/米色(0220)	A	18	54	28	13	0.42	0.36
	B	18	57	25	13	0.40	0.35
0702 珠灰/白色	A	13	47	40	11	0.45	0.38
	B	13	39	48	11	0.50	0.41
M83 白色/米色/珠灰	A	15	47	38	12	0.45	0.38
	B	15	53	32	12	0.42	0.36
M81 米色/珠灰/灰色	A	12	32	56	11	0.54	0.43
	B	12	42	46	11	0.48	0.39
0222 白色/石色	A	26	51	23	19	0.45	0.38
	B	26	53	21	19	0.44	0.38
M82 珠灰/棕色/炭黑	A	8	16	76	9	0.63	0.47
	B	8	25	67	9	0.58	0.45
M80 米色/珠灰/米色	A	15	44	41	12	0.47	0.39
	B	15	48	37	12	0.45	0.38
M85 炭黑/珠灰/米色	A	8	12	80	8	0.66	0.49
	B	8	24	68	8	0.58	0.45

续表

颜色＼系数		TS	RS	AS	TV	SC(室内)	
0721 珠灰/藕色	A	22	36	42	17	0.54	0.43
	B	22	40	38	17	0.52	0.41
3001 炭黑/灰色	A	6	7	87	7	0.68	0.50
	B	6	11	83	7	0.66	0.49

注：1/4″Cl：standard clear 1/4″ glass(6mm)，表示普通型 6mm 透明玻璃。
1/4″HA：absorbant 1/4” glass(6mm)，表示吸热型 6mm 玻璃。
TS(Solar Transmittance)：通过率，显示通过织物进入室内的太阳辐射热的比率。
RS(Solar Reflectance)：反射率，显示织物向外反射太阳辐射热的比率。
AS(Solar Absorptance)：吸收率，显示织物吸收太阳辐射热的比率。
TV(Visible Transmittance)：透光系数，显示波长在 380～780nm 间的可见光线穿透织物的比率。
SC(Shading Coefficient)：遮阳系数，显示了遮阳织物过滤太阳辐射热的效果，数值越低，遮阳隔热效果越好。

3.1.4 弹簧卷帘

3.1.4.1 结构图

弹簧卷帘结构示意图见图 3-7。

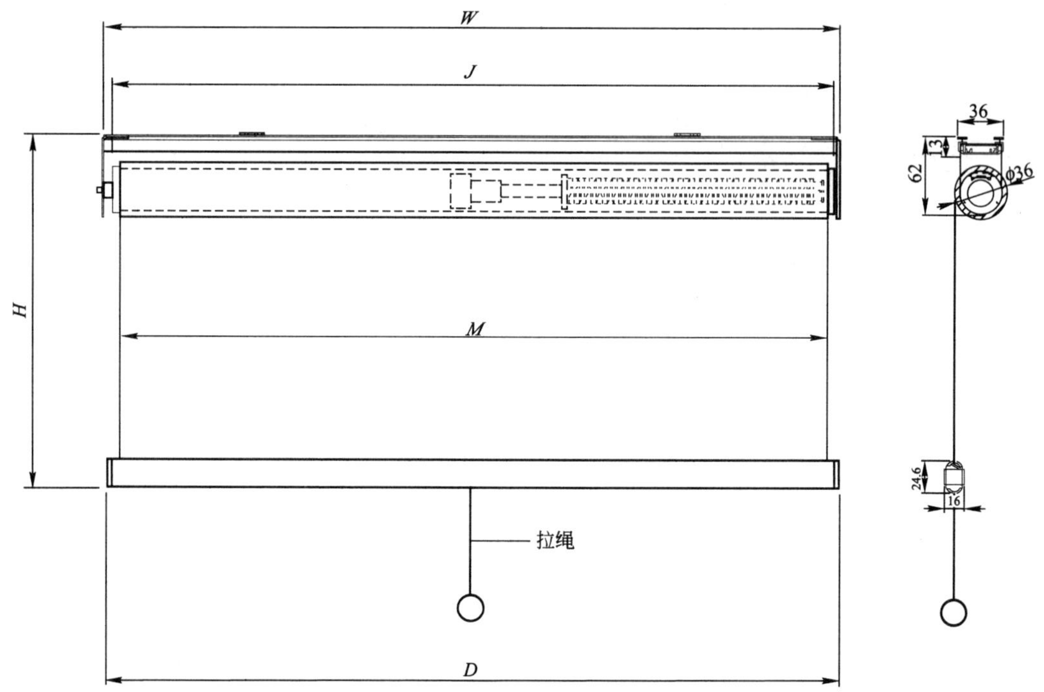

图 3-7 弹簧卷帘结构示意图

W—卷帘宽度；*J*—安装脚孔距；*D*—底轨长度；*H*—卷帘高度；*M*—面料宽度

3.1.4.2 适合场所及应用实例

弹簧卷帘适用于室内遮阳，遮阳面积在 4m² 内，具有收放迅速、没有边轨、使用方便的特点。其使用的阳光面料遮阳系数可以在 0.3～1 之间选择。在弹簧卷帘上即使选用全遮光面料，但由于面料和窗框侧边各有 2cm 间隙，所以不能实现真正意义上的全遮光。弹簧卷帘应用实例见图 3-8。

(*a*)

(*b*)

图 3-8 弹簧卷帘应用实例

3.1.4.3 弹簧卷帘系统

弹簧卷帘系统的核心装置是弹簧总成，由扭簧及阻尼装置等组成。弹簧卷帘系统组件见图 3-9。面料的收放快慢由扭簧弹力的大小决定，扭簧的弹力可以用专用钥匙调节。收合后面料卷在顶部卷管上，需要遮阳时拉住绳球往下拉，拉绳带着底轨面料直到需要位置时操作者松开绳球，帘布停在设定位置。

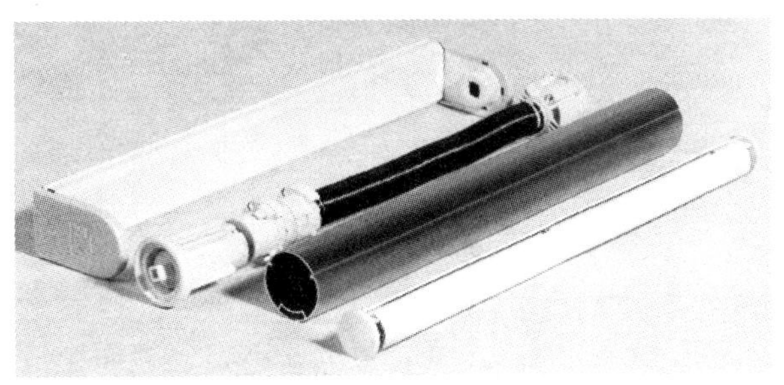

图 3-9 弹簧卷帘系统组件

收合时，将绳球先轻轻往下拉动后立即松手，面料弹回窗帘顶部，操作简便，动作时间短暂，在整个伸展收回过程中，帘布可以停留多个位置，调节遮光面积。

卷管和面料的连接方式和拉珠卷帘相同，底轨不仅连接面料，还要安装连接拉绳的滑块，因而底轨的截面形状更为复杂。配置滑块是为了方便操作者在左右不同位置均可操作。

弹簧卷帘采用顶部安装，不同于拉珠卷帘在端部安装，预先在窗框上固装安装座，顶轨设置特殊安装槽，安装时将顶轨上的安装槽嵌入窗框上的安装座即可。顶部嵌入式安装既方便又安全可靠。尤其是带有罩壳的弹簧卷帘使用顶部嵌入式，可降低安装难度。

为防止弹簧卷帘收合到顶部时底轨与顶轨发出撞击声响，可以适当调节扭簧的弹力，使弹回的速度放慢，撞击声减小。但调得过小就易发生不完全收合。从技术结构上改进扭簧工作的阻尼系统，可以制成慢速弹簧卷帘。弹簧卷帘配件表见表 3-6。

为增进外观之美观，保护卷帘不受撞击、灰尘侵蚀等，卷帘顶部可安装铝合金喷塑罩壳。为了方便操作，拉绳的长度应得当，通常选择 200～300mm，过短会造成操作者不便，过长又显得不够美观。弹簧卷帘卷管、底轨技术参数及最大面积见表 3-7。

弹簧卷帘配件表　　表 3-6

序号	配件名称	数　量	单　位	备　注
1	弹簧总成	1	套	
2	面料(选择)	长度×高度	m^2	按遮光等要求选用
3	尾塞总成	1	套	
4	卷管	长度	m	
5	底轨	长度	m	
6	顶轨	长度	m	
7	安装脚	2～4	个	
8	底轨封头	2	个	
9	拉绳	1	套	
10	罩壳、顶轨	长度	m	罩壳式选用
11	导向槽	2×长度	m	导轨式选用
12	导向槽安装脚	4	个	导轨式选用

弹簧卷帘卷管、底轨技术参数及最大面积　　表 3-7

卷管外径	卷管截面图	底轨 QY-14	底轨 QY-22	最大宽度	最大高度	最大面积
$\phi36$	$\phi36$	14 25	$\phi21$	2.5m	3m	$4m^2$

卷帘系统的最大承受重量为 10N，遮挡面积最大 $4m^2$。设计最大宽度 2.5m(相应高度为 1.6m)，设计最大高度 3m(相应宽度为 1.33m)。

3.1.4.4　安装图

弹簧卷帘顶装图见图 3-10，弹簧卷帘侧装图见图 3-11。

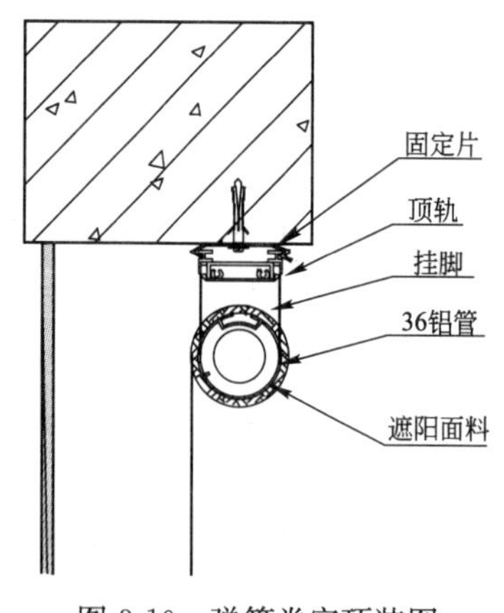

图 3-10　弹簧卷帘顶装图

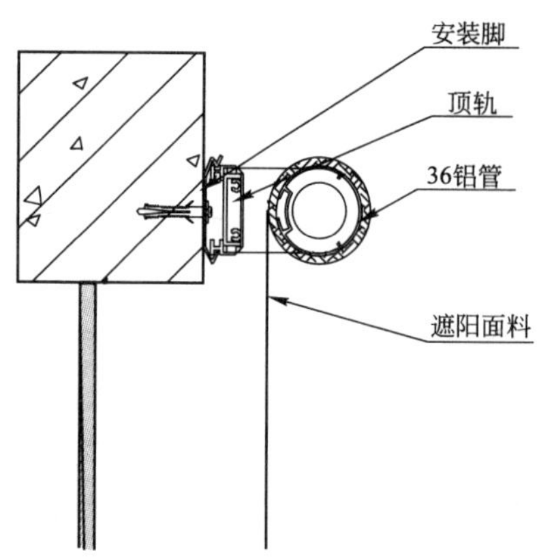

图 3-11　弹簧卷帘侧装图

3.1.5　电动卷帘

3.1.5.1　结构图

电动卷帘结构示意图见图 3-12。图中显示的是一个电机驱动两副电动卷帘，两副卷帘的卷管用万向节平衡器连接。

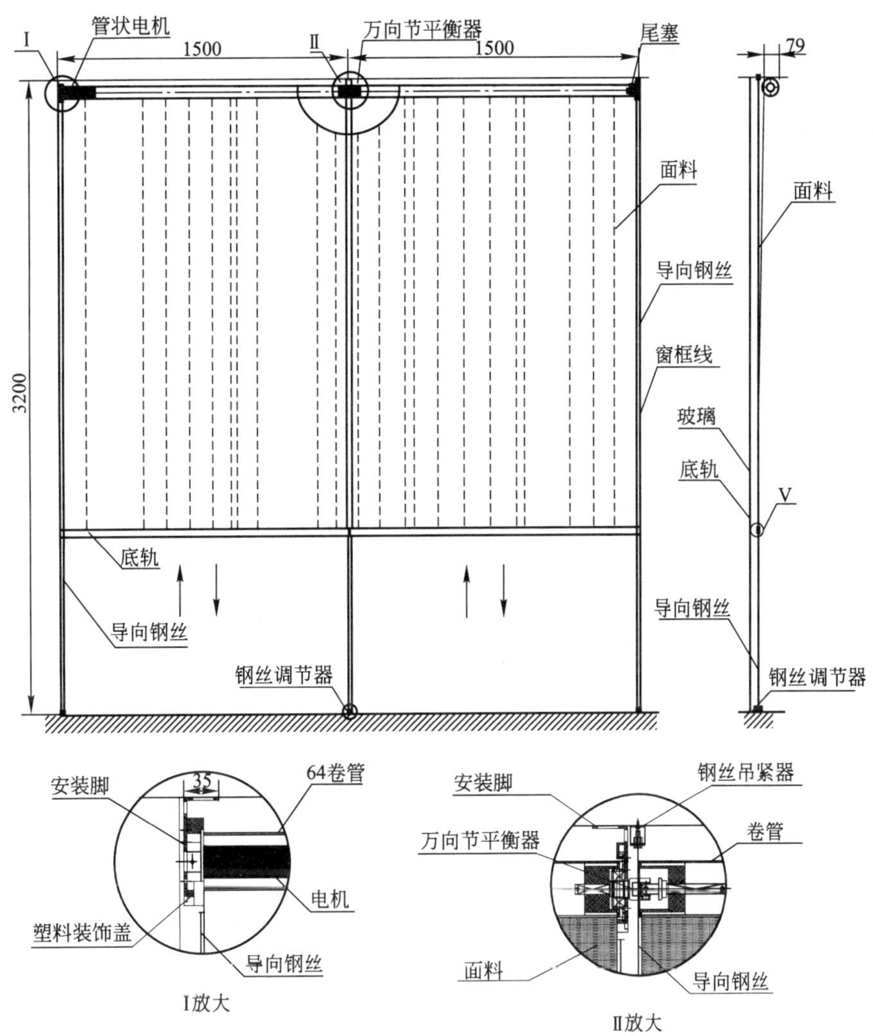

图 3-12　电动卷帘结构示意图

3.1.5.2　适合场所及应用实例

电动卷帘以适用于室内遮阳为主，在采取防风、防水措施后方可应用于室外。电动卷帘具有操作简便、工作状态安静平稳的特点，是普通手动卷帘升级换代产品，适合超宽、超高、超远的场合，单幅遮阳面积可以达到 50m^2。遮阳系数可以在 0.1～1 之间选择。电动卷帘应用实例见图 3-13。

3.1.5.3　电动卷帘系统

电动卷帘机构是采用管状电机为动力的一种电动化卷帘。管状电机是以交流电或直流

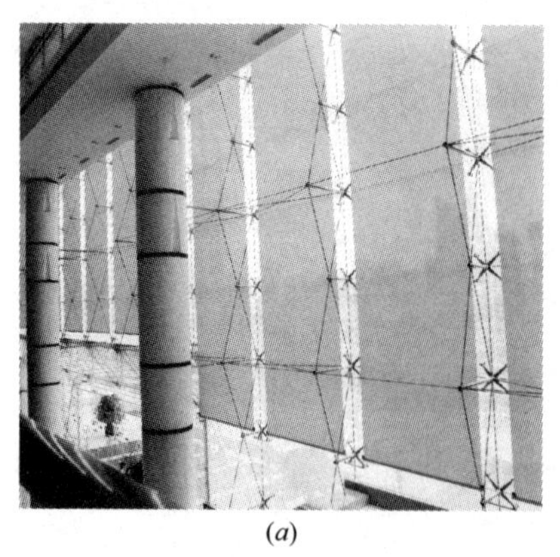
(a)

(b)

图 3-13 电动卷帘应用实例

电作为电源，由电动机、行程控制器、制动器、减速器等部件组成的机电一体化驱动装置，安装于卷管内，减少了窗帘箱的体积和力的传动环节，避免了外界对电机的影响，增加了机构的可靠性。机构的操作只需拨动电源开关或遥控开关，即可伸展收合。

电动卷帘卷管采用铝合金材料，表面经阳极氧化处理，卷管备有多种直径规格，能适应不同高度的需求。

电动卷帘最大高度为 20m。单幅机构宽度在 0.7～3.5m 之间，小于 0.7m 时卷管内装不下管状电机。另外，由于织物门幅一般在 3.5m 以下，所以宽度不适宜选择超过 3.5m。

电动卷帘高度大于 6m，或者面料与水平面夹角小于 75°时，机构必须配置导向系统。系统导向选用不锈钢索，钢索底部和地面或建筑部件连接。此时的底轨需适当增加重量，底轨端部打孔，导向索从中穿过，避免底轨和卷帘晃动撞击玻璃幕墙或撞击人群，导向系统不受风吹或人为晃动影响，从而保证卷帘正常工作，进而避免跑偏与卷取不良造成事故。

标准型电动卷帘配合使用罩壳、侧轨、钢丝导向，一拖二即可出现多种形式。电动卷帘形式见表 3-8。

电动卷帘形式 **表 3-8**

标 准 型	标准型一拖二	标准型钢丝导向
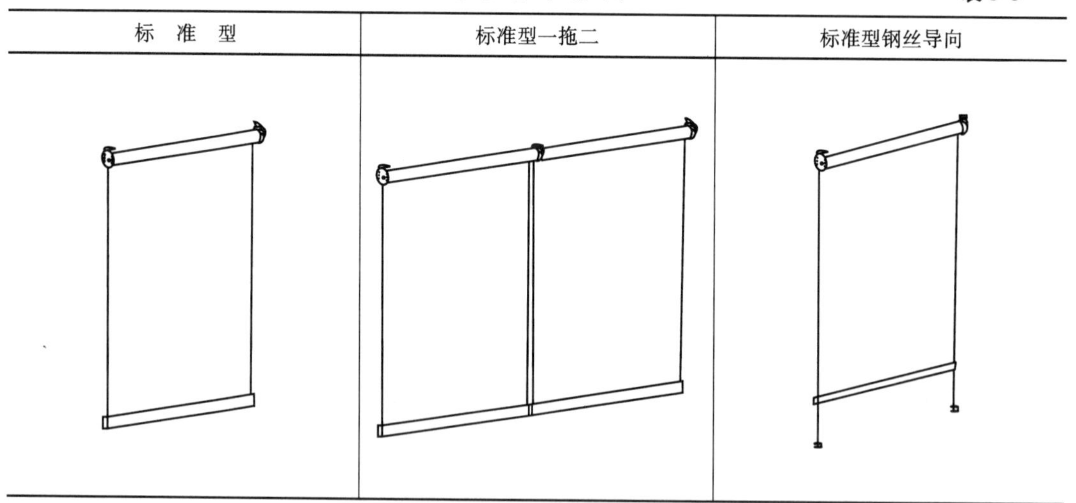		

续表

标准型侧轨导向	罩壳型	罩壳型侧轨导向
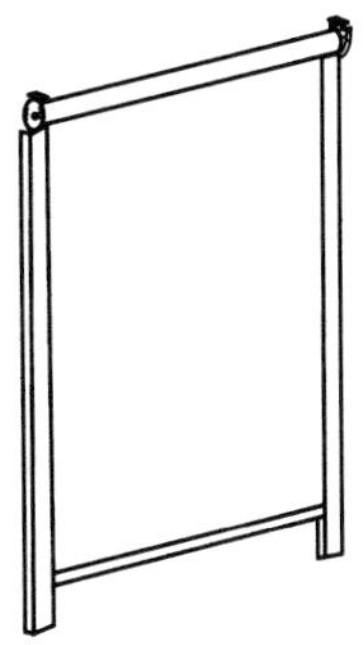	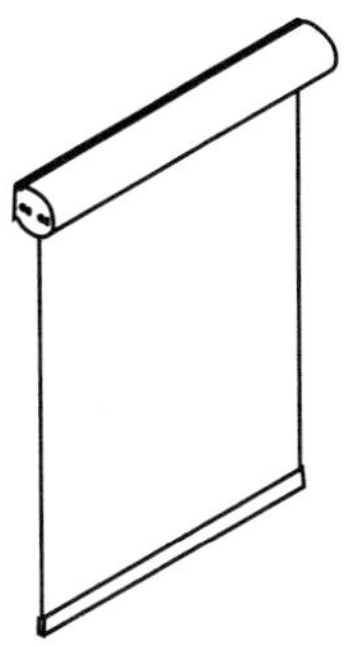	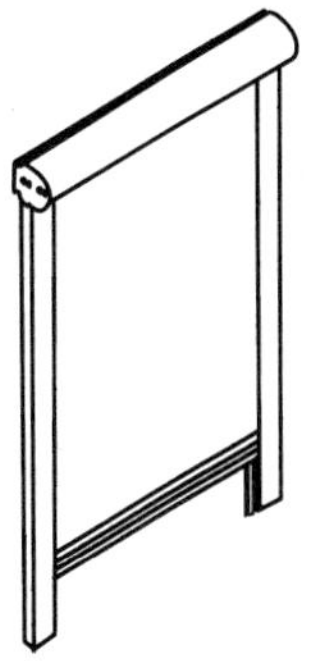

标准型侧轨导向一拖二	标准型钢丝导向一拖二
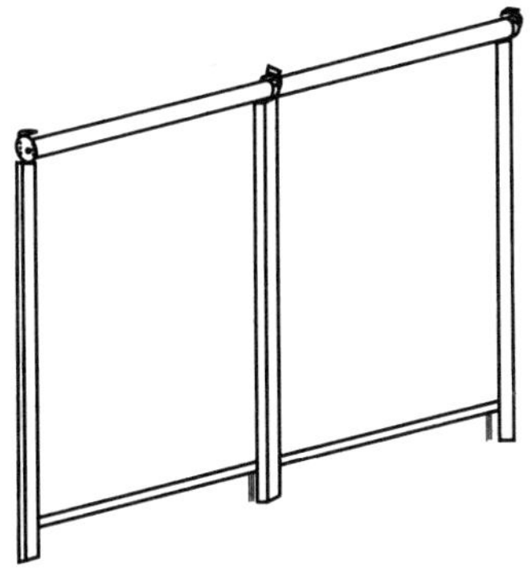	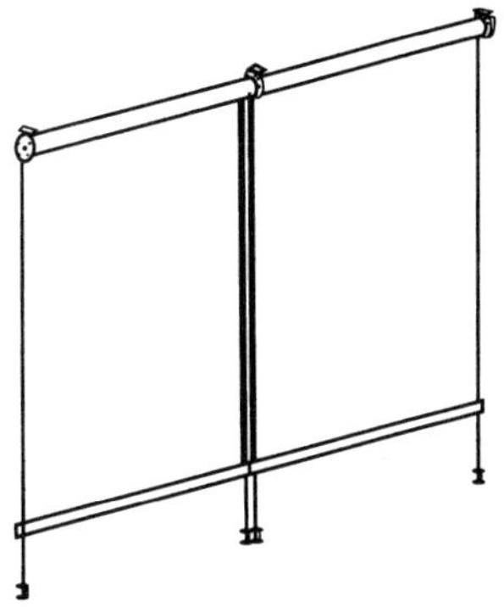

电动卷帘也可以用一个电机拖动二幅卷帘、三幅卷帘或多幅卷帘，行业里俗称一拖二、一拖三、一拖多。多幅卷帘在一个平面时，卷管使用直线连轴器(称平衡器)；不在一个平面时要用万向连轴器连接。

电动卷帘一拖三见图 3-14。

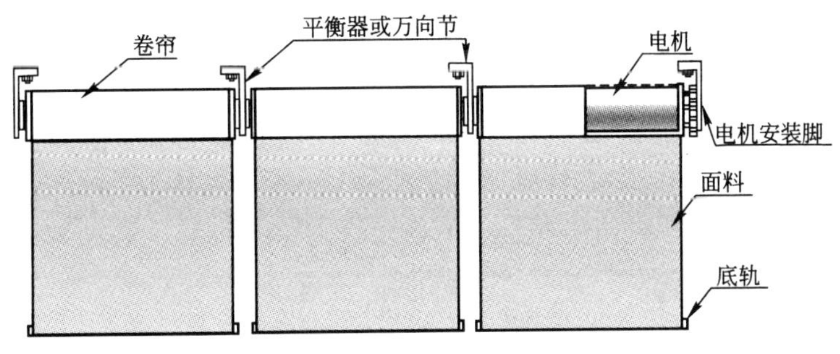

图 3-14　电动卷帘一拖三

3.1.5.4　电机、卷管、面料、罩壳的选择

(1) 电机选择

电动卷帘根据帘布重量选用不同扭矩规格的电机。

选用电机扭矩的计算：

电机最小扭矩(Nm)=[布重(N)+底轨重(N)]×卷管半径(m)

如果布、底轨使用 kg 计，乘以 10 约为牛顿力。

（2）卷管选择

由于电机是 S2 短时工作制，工作时间一般为 4min，超过时间电机内部热保护器会使电机自停。如果电机输出转速 17r/min，一次连续工作时间 4min，在工作 68 圈后，电机会保护自停。

当卷帘高度很高时，如果一次连续工作时间不能完全开启或收合，那就需要选择直径较大的卷管，卷管计算半径应该满足下式：

$$2\pi \times 卷管半径(m) \times 转速(r/min) \times 4min > 卷帘高度(m) \quad (3\text{-}1)$$

如果面料较厚时，考虑实际卷绕半径逐步加大，计算卷管半径可适当减小。

（3）面料门幅选择

根据建筑窗框线条简洁原则，选择档数、门幅尺寸。尽可能不采用面料拼接方案。如果窗框宽度大于面料门幅，必须拼接时也应采用横向拼接，面料选用可高频超声粘接的面料，通过高频超声粘接的比缝线缝接的接缝光洁、接缝强度高。

（4）罩壳、边轨、防光槽选择

当室内电动卷帘有全遮光要求时，两档电动卷帘成品的面料之间有 3～5cm 的工艺间隙，为此应选择罩壳、边轨及防光槽。罩壳、底轨及侧轨型材见表 3-9。

罩壳、底轨及侧轨型材表 **表 3-9**

名　称	型材截面图	说　明
80 圆罩壳	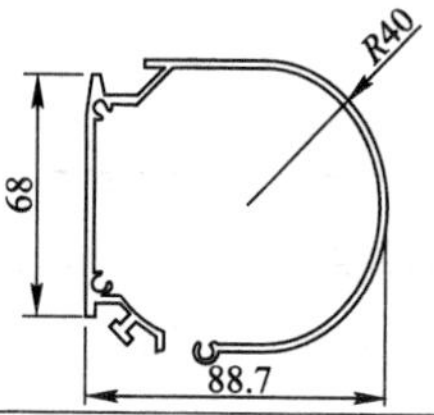 R40 68 88.7	可配合 55 卷管使用，卷帘极限高度 4m
100 罩壳	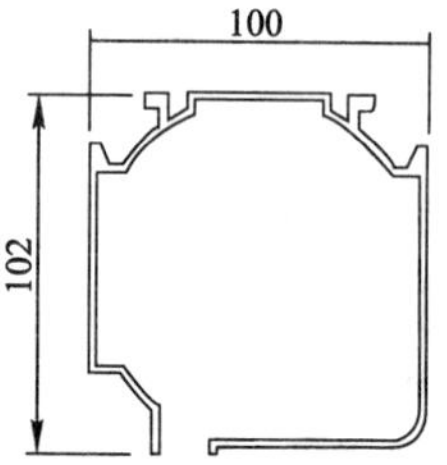 100 102	可配合 55、64 卷管使用，卷帘极限高度 6m
150 罩壳	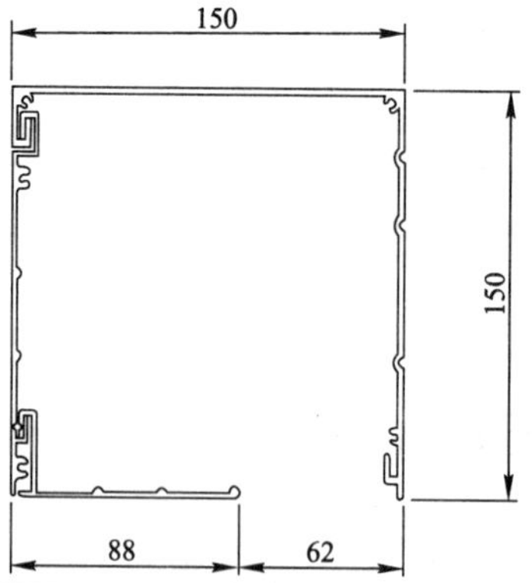 150 150 88 62	可配合 55、64、83 卷管使用，卷帘极限高度 10m

续表

名称	型材截面图	说明
35 底轨	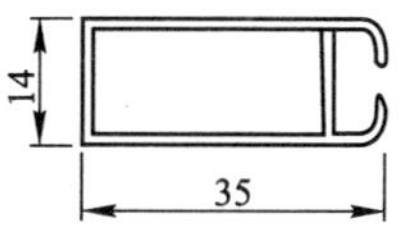 14 35	可配合 55、64 管径卷帘使用，高度小于 3m 使用为宜
65 底轨	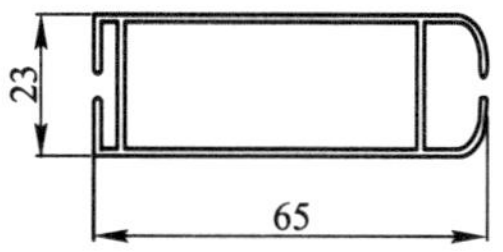 23 65	全系列电动卷帘均可使用，底轨内配重后，面料更加平挺
防光边轨	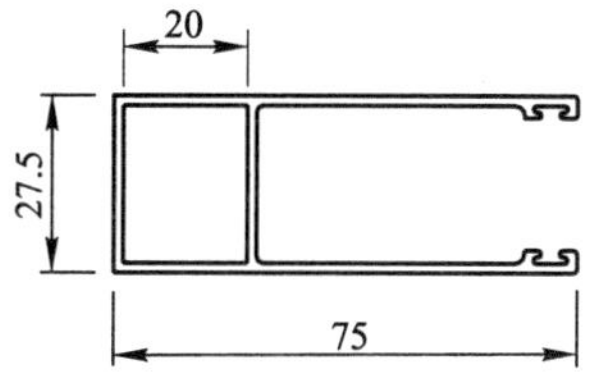 20 27.5 75	全遮光卷帘选用，放置卷帘两侧
防光中轨	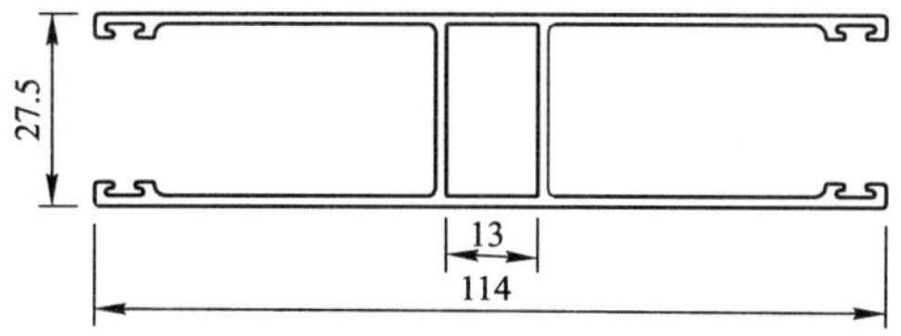 27.5 13 114	相邻两侧均为全遮光卷帘时使用。左右边轨合二为一，用于两档中间的又称中轨

(5) 选用参数表

使用不同直径卷管有不同的承载力。通常面料在 400g/m² 以下，用卷帘能承载的最大面积来选择卷管。选用参数见表 3-10。

选用参数表 **表 3-10**

型号	卷管截面图	面料宽度范围(m)	面料最大高度(m)	面料最大面积(m²)
ϕ45	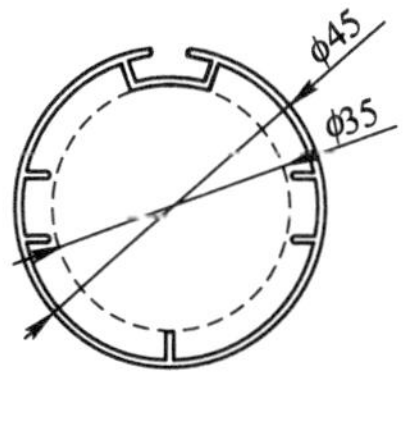 ϕ45 ϕ35	0.7～2.5	10	20
ϕ55	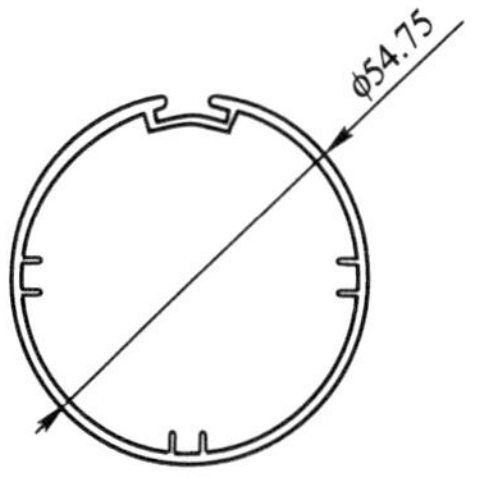 ϕ54.75	0.7～2.5	12	30

续表

型号	卷管截面图	面料宽度范围(m)	面料最大高度(m)	面料最大面积(m^2)
ϕ64	ϕ64	0.7～2.5	14	35
ϕ83	ϕ83	0.7～2.5	17	40
ϕ100	ϕ100	0.7～2.5	21	50

注：最大面积受面料平方米重量、卷管强度、电机转速等因素制约，本表数值作参考。

3.1.5.5 安装及要求

电动卷帘不同配置有不同的安装形式及方法。不同配置电动卷帘安装形式见表3-11。

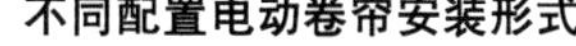

不同配置电动卷帘安装形式 **表3-11**

标准型安装码顶装示意图	标准型安装码侧装示意图

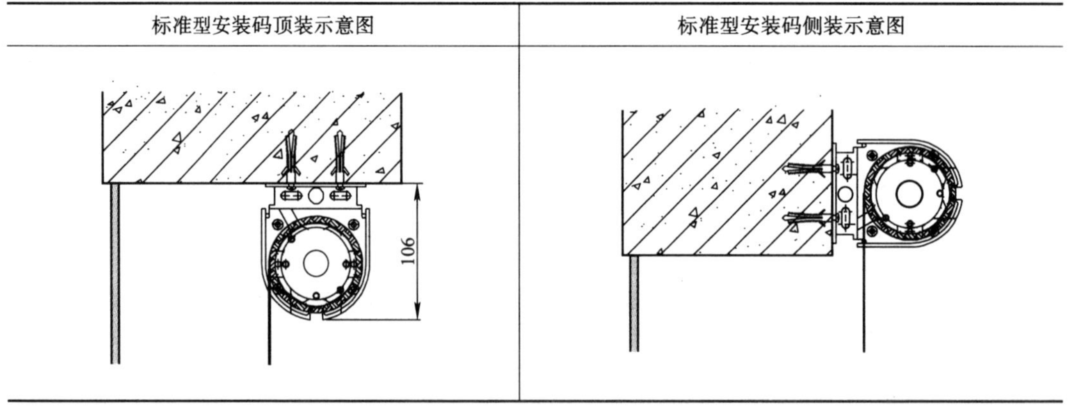

续表

标准型钢丝导向顶装示意图
钢丝吊紧器
卷帘安装码
面料卷管
遮阳面料
导向钢丝
标准型钢丝导向侧装示意图
卷帘安装码
面料卷管
遮阳面料
钢丝吊紧器
导向钢丝
钢丝底座Ⅰ型框内安装示意图
底轨
钢丝下吊紧器
钢丝底座Ⅰ型框外安装示意图
底轨
钢丝下吊紧器
钢丝底座Ⅱ型框内安装示意图
底轨
不锈钢下吊紧器
钢丝底座Ⅲ型框外安装示意图
底轨
可调钢丝安装座
防光边轨框外安装示意图
防光边轨框内安装示意图

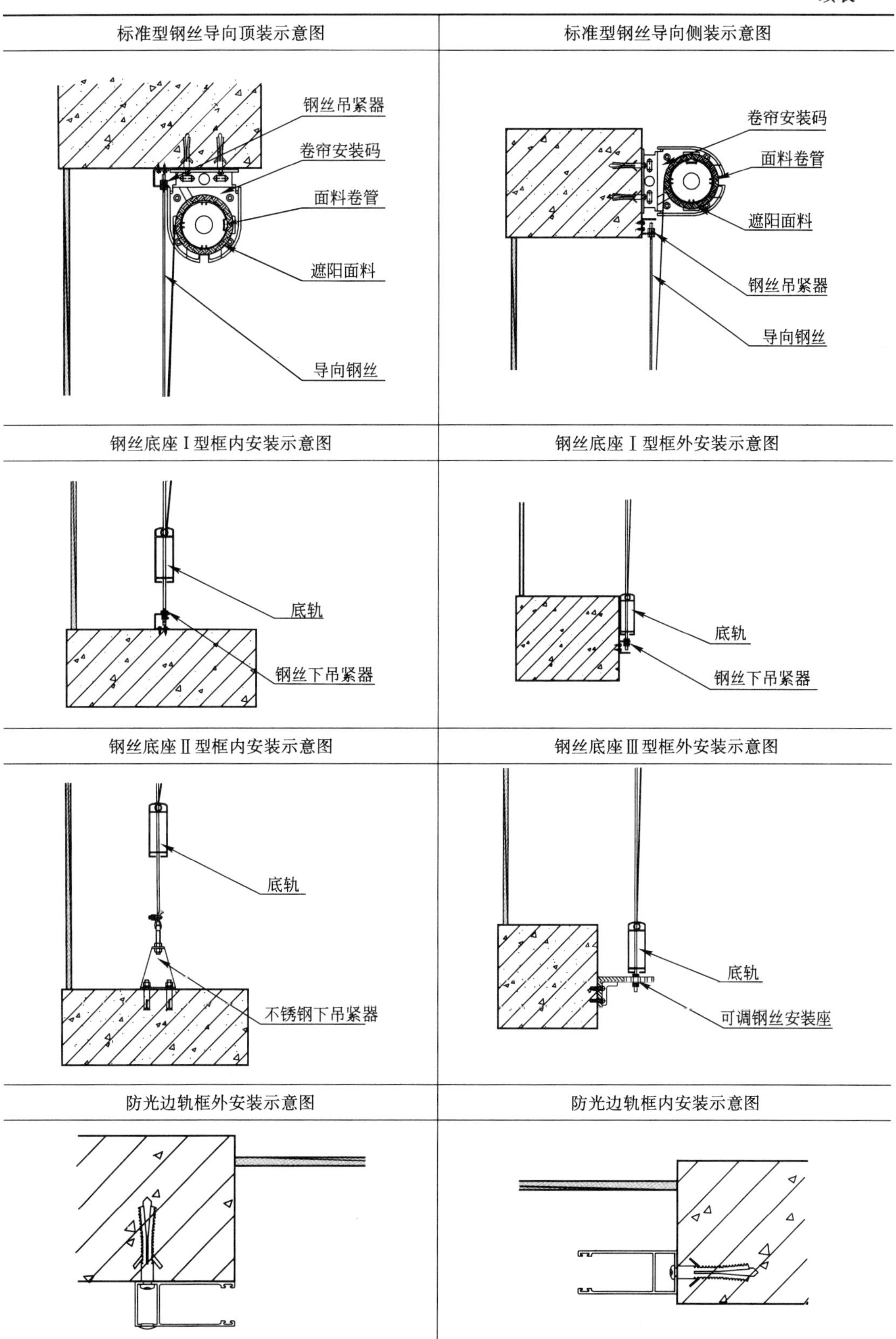

续表

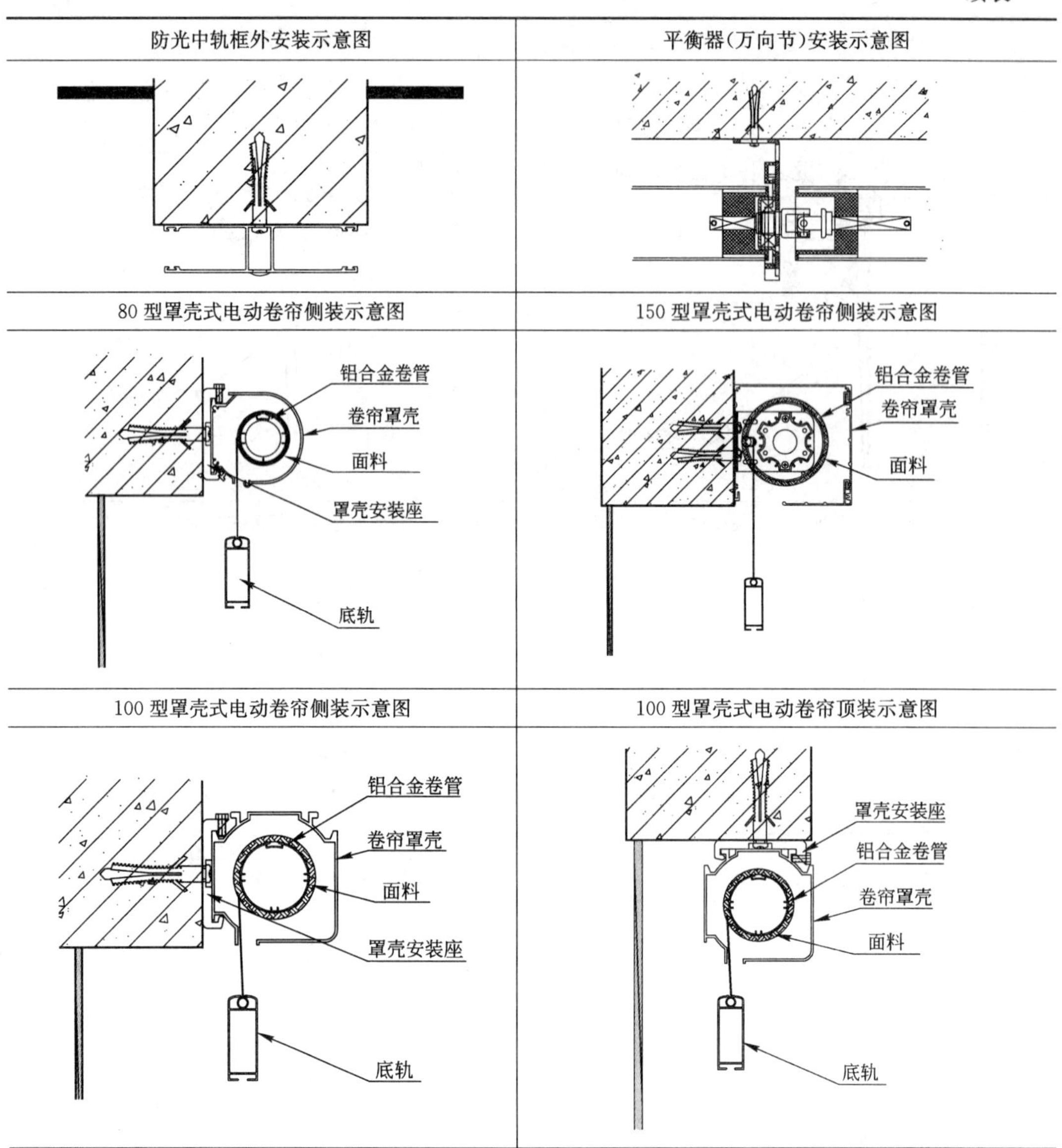

3.1.5.6 电机选用参数

不同电机有不同的技术参数。4N-m 管状电机参数见表 3-12。

4N-m 管状电机参数 **表 3-12**

长度(mm)	457	连续工作时间(min)	4
额定扭矩(Nm)	4	电机重量(kg)	1.01
额定转速(r/min)	14	电缆规格	3×0.75mm^2
最大行程(圈)	56	工作温度	−10～40℃
额定电压(V)	220	防护等级(IP)	IP44
额定电流(A)	0.35	产品认证	CCC、CE、UL
额定功率(W)	65		

3.2 室内铝合金百叶帘

3.2.1 行业标准编号

室内铝合金百叶帘的各项指标应符合《建筑用遮阳金属百叶帘》(JG/T 251—2009)的标准规定。

3.2.2 命名标记

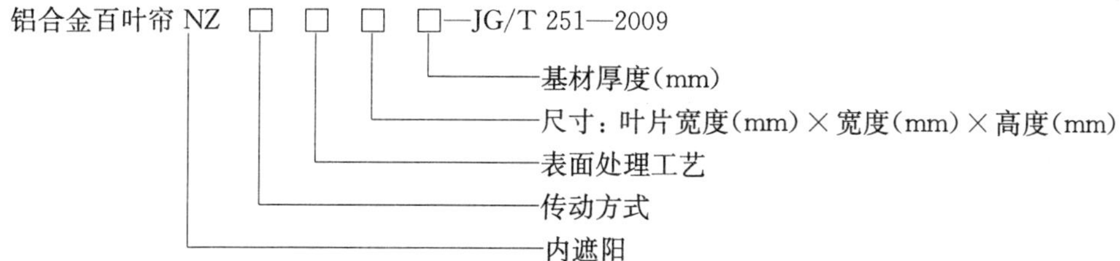

3.2.3 手动百叶帘结构图

手动百叶的叶片有 15mm、25mm、50mm、60mm 等规格，其结构基本相同。手动 25mm 铝合金百叶帘结构图见图 3-15。

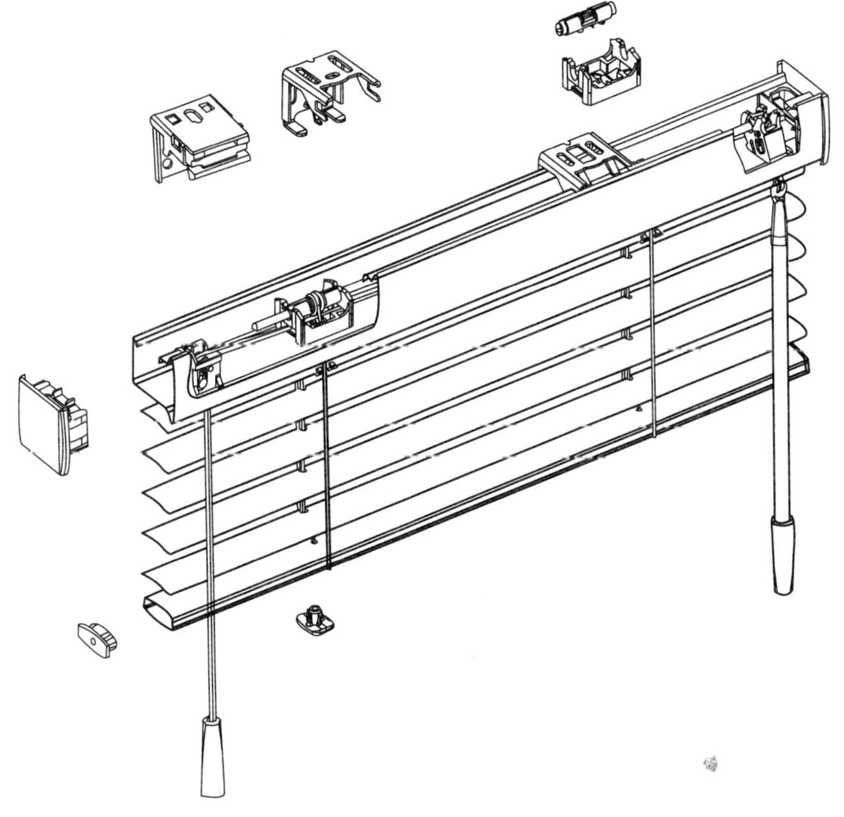

图 3-15 手动 25mm 铝合金百叶帘结构图

3.2.4 电动百叶帘结构图

电动百叶的叶片有15mm、25mm、50mm、60mm等规格，其结构基本相同。电动25mm铝合金百叶帘结构图见图3-16。

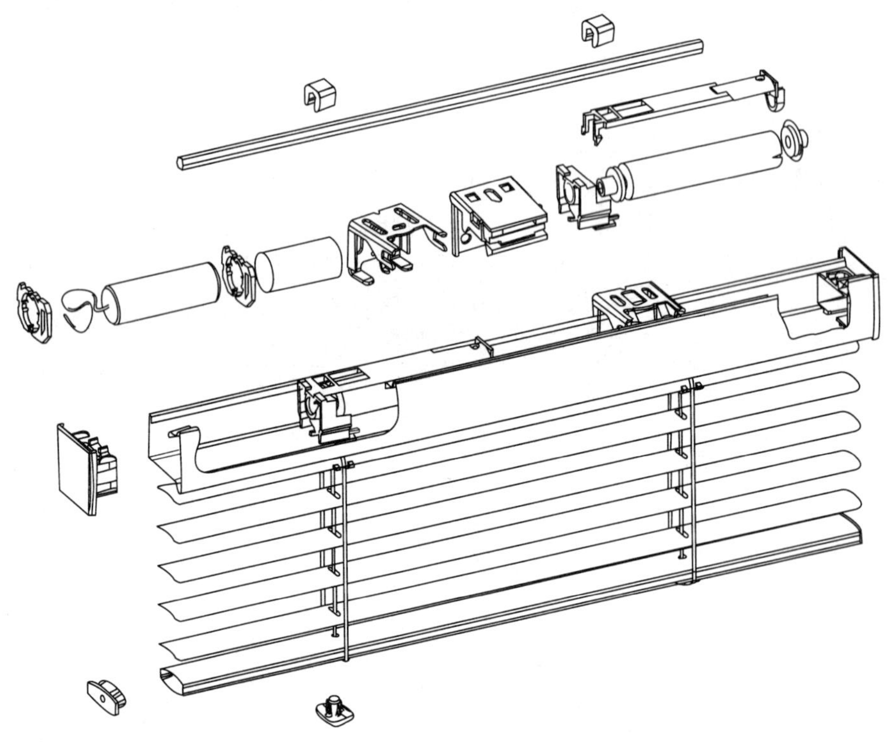

图3-16 电动25mm铝合金百叶帘结构图

3.2.5 系统介绍

电动铝合金横百叶帘，采用管状电机作为驱动。叶片采用铝合金拉伸型材，液体喷涂、粉末喷涂、覆膜、阳极氧化等工艺，外观清洁、平整、色泽均匀，无明显擦伤、划痕和毛刺，叶片无折弯，宽度有15mm、25mm、50mm、60mm四种规格，可选择不同颜色的铝合金叶片丰富立面效果。其他所有配件均采用高强度抗紫外线材料制成。能广泛应用于大型玻璃幕墙的立面遮阳及办公楼宇间的内部隔断。

产品特点：①采光、遮阳：0～105°的叶片翻转角度，可随意控制阳光；②通风：叶片角度调整为90°时，室内可获得最大的通风效果；③控制方式多样：开关、遥控、时间控制以及智能化控制等；④系统组成：电机、百叶片、顶槽、卷绳器、梯绳等。电动铝合金百叶帘应用实例见图3-17。

3.2.6 机构承载力

手动百叶帘机构承载力取决于提绳和转向绳的断裂强力。提绳、转向绳的断裂强力和伸长率见表3-13。

(*a*)

(*b*)

图 3-17 电动铝合金百叶帘应用实例

提绳、转向绳的断裂强力和伸长率 表 3-13

种　类	断裂强力(N)	伸长率(%)
提绳(提节)	≥600	—
转向绳(梯绳/梯节)	≥350	≤2.5

3.2.7 安装图

室内铝合金百叶帘的框外安装图见图 3-18，框内安装图见图 3-19。

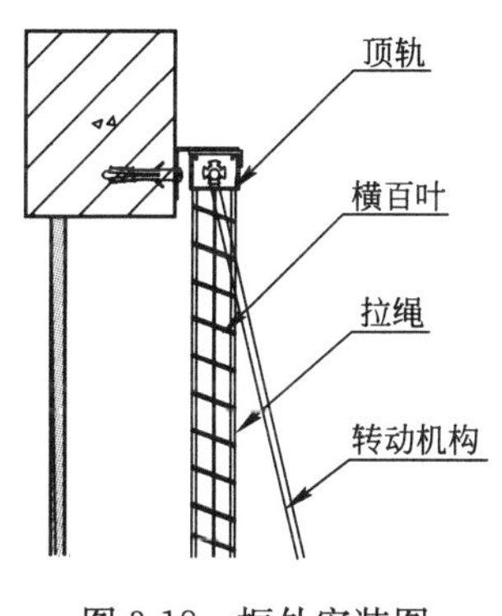

图 3-18 框外安装图

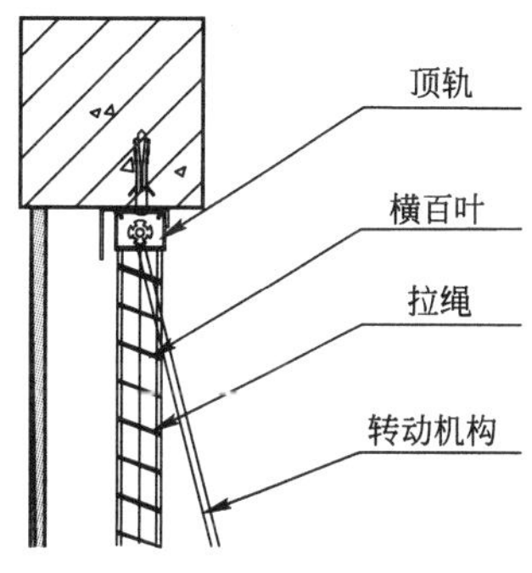

图 3-19 框内安装图

3.3 天 篷 帘

3.3.1 行业标准编号

天篷帘的各项指标应符合《建筑遮阳天篷帘》(JG/T 252—2009)的标准规定。

3.3.2 分类和标记

天篷帘按使用场合可分为：

(1) 室内天篷帘，代号为 N；
(2) 室外天篷帘，代号为 W。
天篷帘按面料运行方式可分为：
(1) 卷取式，代号为 J；
(2) 折叠式，代号为 Z。
天篷帘按结构形式可分为：
(1) 电动张紧式，代号为 DD；
(2) 弹簧卷取式，代号为 TH；
(3) 扭力卷取式，代号为 NL；
(4) 钢丝导向折叠式，代号为 GS；
(5) 轨道导向折叠式，代号为 GD。
天篷帘标记：

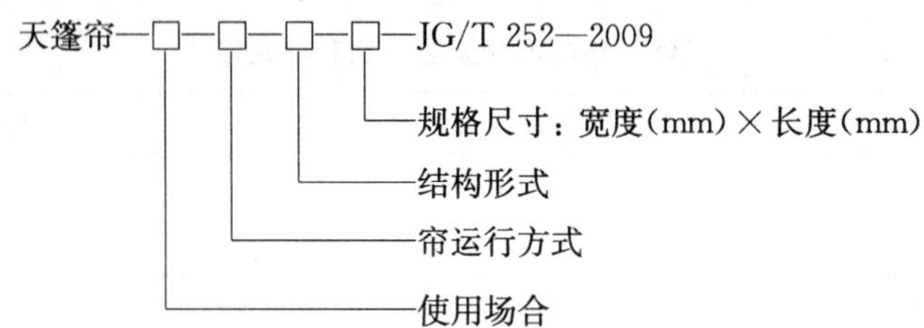

示例：天篷帘-NZ GS 1600×7200—JG/T 252—2009 表示宽度为 1600mm、长度为 7200mm 的钢丝导向折叠式室内天篷帘。

3.3.3 电动张紧天篷帘(FTS)

3.3.3.1 结构图

电动张紧天篷帘结构示意图见图 3-20。

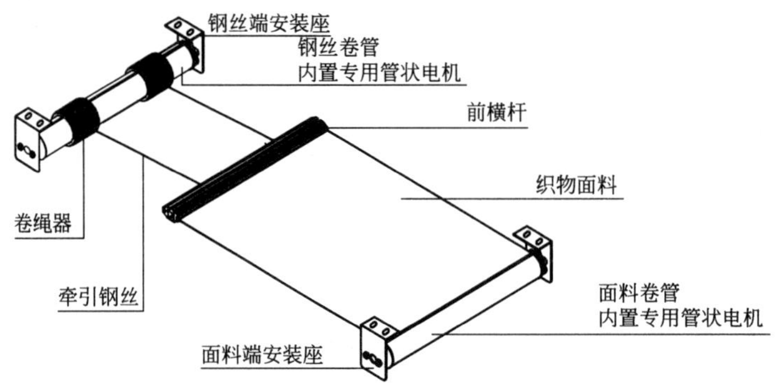

图 3-20 电动张紧天篷帘结构示意图

3.3.3.2 适合场所及应用实例

电动张紧天篷帘适用于大型建筑物的采光顶面、斜面上，特别适宜于建筑采光面上不能提供安装支点的场合，帘布与水平夹角小于 75°。遮阳系数在 0.4～1 之间选择。安装于室外，遮阳系数在 0.3～1 之间选择。

由于该帘两端各有一个电机，形成较大张力，帘布收放时保持布幅平挺、无明显下坠状况，但建筑物结构件将承受较大的动载荷。当使用一对 70Nm 电机和 ϕ81 卷管时机构的最大张力可达到 1800N。电动张紧天篷帘应用实例见图 3-21。

图 3-21 电动张紧天篷帘应用实例

3.3.3.3 系统介绍

电机张紧天篷帘是由两个专用电机组成的。电机运行时，由同一个控制盒控制，使两个电机配合运行。管状电机除电动机部分、齿轮减速部分及行程调节部分以外，还有一个刹车可调部分，有别于其他电机。当一个电机运行时，另一个电机通过对刹车调整来调节两电机之间的对拉张力，在面料抗拉强度范围内使机构达到最佳张力状态。此时机构对面料影响最小，而且面料在其强度范围内达到相对平整状态。

除动态张力协调外，机构还有一个最终张力调整，最终张力调整是通过被动运行电机的反转来完成的，电机反转运行行程的长短决定机构的最终张力大小，在面料抗拉强度范围内面料达到最平整状态，机构运转平稳、噪声小。

电机张紧天篷帘的电机共有三种规格：25Nm、55Nm、70Nm。

最大宽度达到 3.5m，最小宽度为 0.9m，最大长度为 12m。25Nm 电机可做最大面积为 25m^2，机构最大张力为 700N；55Nm 电机可做最大面积为 40m^2，机构最大张力为 1350N；70Nm 电机可做最大面积为 50m^2，机构最大张力为 1700N。

当面料呈三角形和梯形时，面料最大长度为 6m，其余技术参数仍适用。

当面料长度超过 5m，建议使用导向机构，面料下垂度为面料长度的 4%～6%。

单幅机构的组成配件见表 3-14。

单幅机构的组成配件　　表 3-14

	序号	配件名称	数　量	型号	单位	备　注
基本件	1	电机	2 个/一套	25Nm	套	包括电机控制盒
				55Nm	套	
				70Nm	套	

续表

	序号	配件名称	数量	型号	单位	备注
基本件	2	ϕ81 卷管	宽度×2		m	
	3	面料(选择)	宽度×长度	5500	m^2	5500、X 系列面料
				X	m^2	
	4	安装脚	2 套	ϕ81	套	
	5	前横杆	宽度		m	
	6	卷绳器	2 个/1 幅面料	长度=5m	个	
				长度=8m		
				长度=12m		
	7	ϕ2 钢丝绳	卷绳器数量×(长度+0.5)		套	如电机装在同一处则钢丝绳翻倍
	8	钢丝连接器	卷绳器数量		套	
选配件	9	平衡器			套	选用
	10	钢丝调紧器	卷绳器数量		套	长度大于 5m 建议使用
	11	导向钢丝安装脚	2×卷绳器数量		套	长度大于 5m 建议使用
	12	ϕ4 导向钢丝绳	卷绳器数量×(长度+0.2)		m	长度大于 5m 建议使用
	13	导向轮	卷绳器数量		个	选用
	14	特殊安装脚			套	选用
	15	电机罩壳	宽度×2		m	选用
	16	ϕ51 滚轴			m	弧形选用
	17	ϕ51 滚轴安装脚			套	弧形选用
	18	分控器	控制盒数量		个	群控时选用
	19	定滑轮	卷绳器数量		个	特殊建筑时选用

3.3.3.4 电机承载力选用参数表

电机承载力选用表见表 3-15。

3.3.3.5 安装结构及要求

电动张紧天篷帘(FTS)的安装及要求见下列图示：FTS 天篷帘结构图(一拖二)见图 3-22，FTS 天篷帘钢丝端侧装剖视安装图见图 3-23，FTS 天篷帘面料端侧装剖视安装图见图 3-24，FTS 天篷帘钢丝端侧装俯视安装图见图 3-25，FTS 天篷帘面料端侧装俯视安装图见图 3-26，FTS 天篷帘钢丝端顶装剖视安装图见图 3-27，FTS 天篷帘面料端顶装剖视安装图见图 3-28，FTS 天篷帘钢丝端顶装俯视安装图见图 3-29，FTS 天篷帘面料端顶装俯视安装图见图 3-30，FTS 天篷帘平衡器安装正视图见图 3-31，FTS 天篷帘平衡器安装侧视图见图 3-32。

电机承载力选用表 **表 3-15**

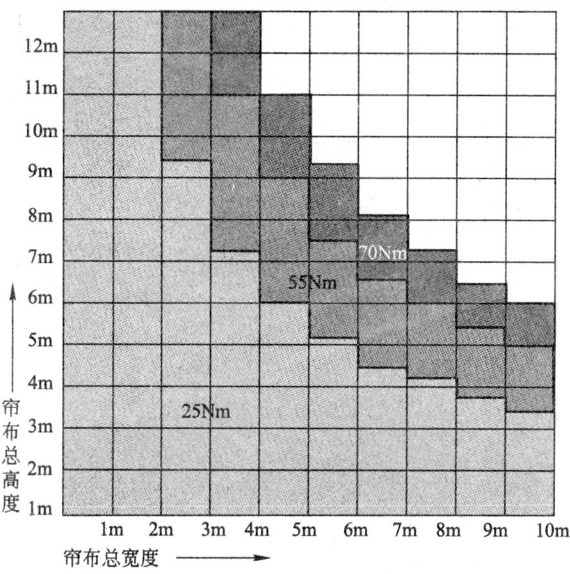

选择电机时须考虑结构的强度。

户外使用时,必须做好防水措施。

帘布最大长度不超过12m。

25Nm单套最大使用面积24m²。

55Nm单套最大使用面积36m²。

70Nm单套最大使用面积48m²。

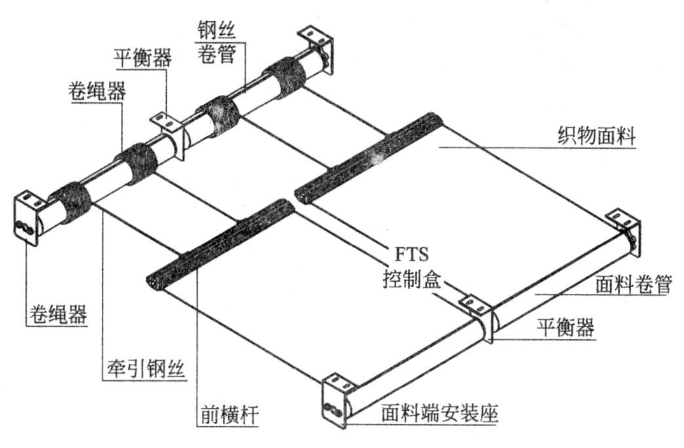

图 3-22 FTS 天篷帘结构图(一拖二)

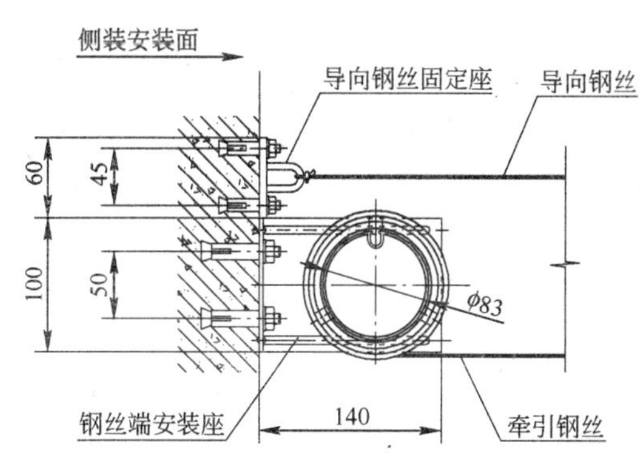

图 3-23 FTS 天篷帘钢丝端侧装剖视安装图

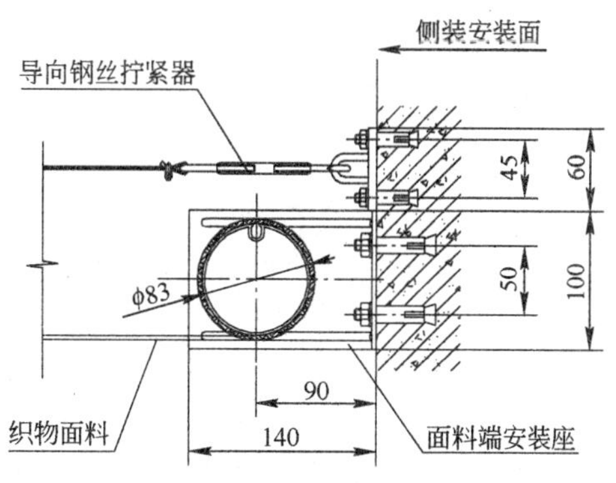

图 3-24 FTS 天篷帘面料端侧装剖视安装图

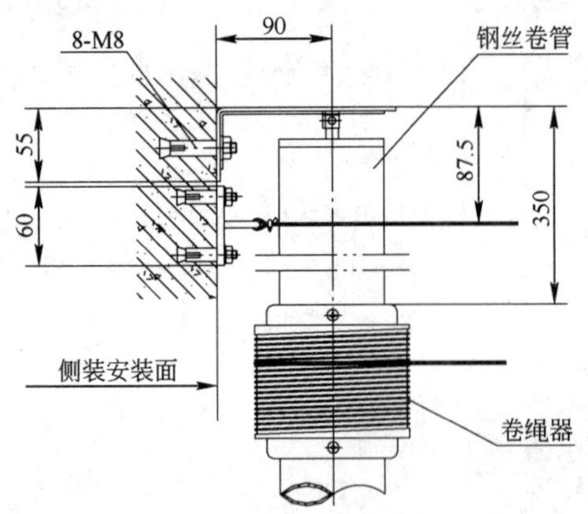

图 3-25　FTS 天篷帘钢丝端侧装俯视安装图

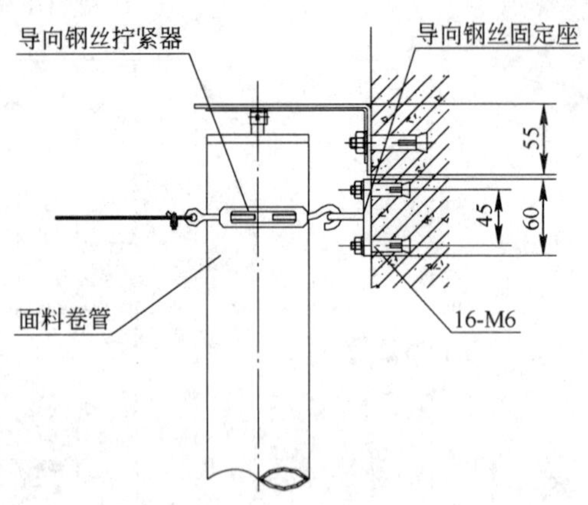

图 3-26　FTS 天篷帘面料端侧装俯视安装图

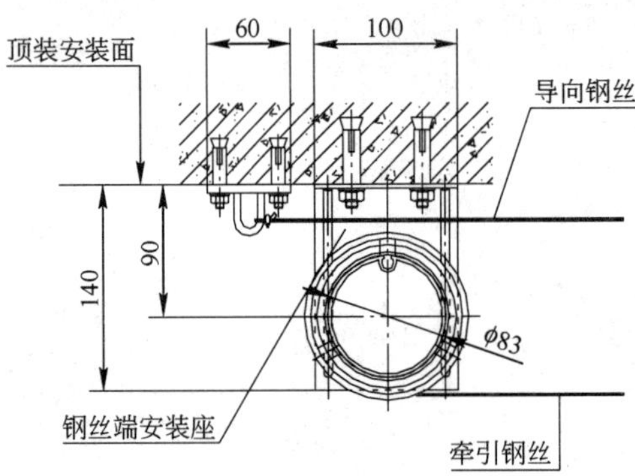

图 3-27　FTS 天篷帘钢丝端顶装剖视安装图

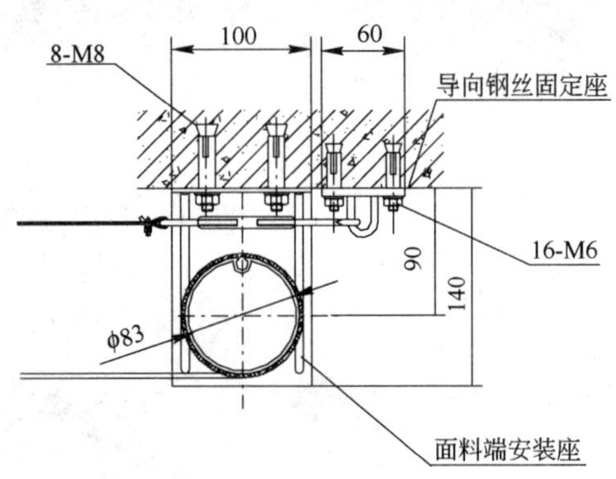

图 3-28　FTS 天篷帘面料端顶装剖视安装图

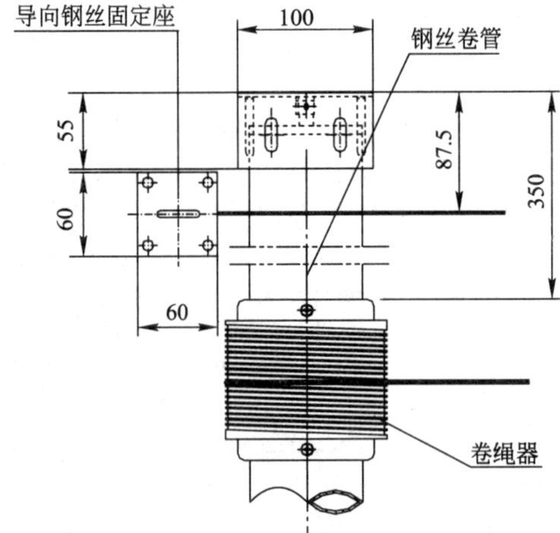

图 3-29　FTS 天篷帘钢丝端顶装俯视安装图

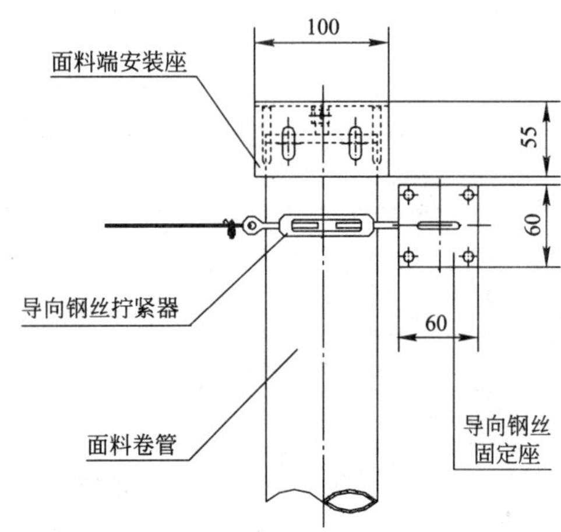

图 3-30　FTS 天篷帘面料端顶装俯视安装图

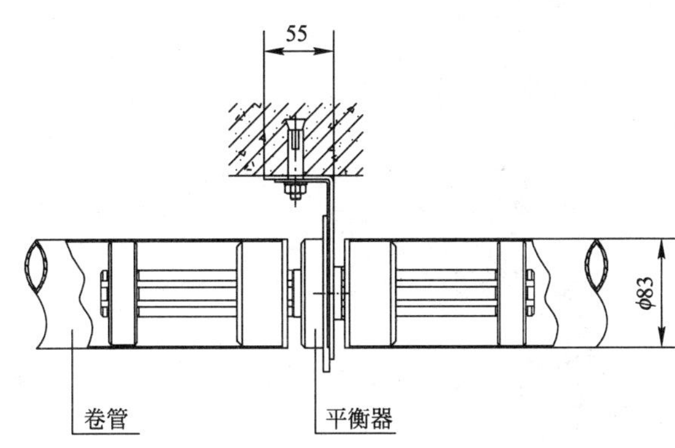

图 3-31 FTS 天篷帘平衡器安装正视图

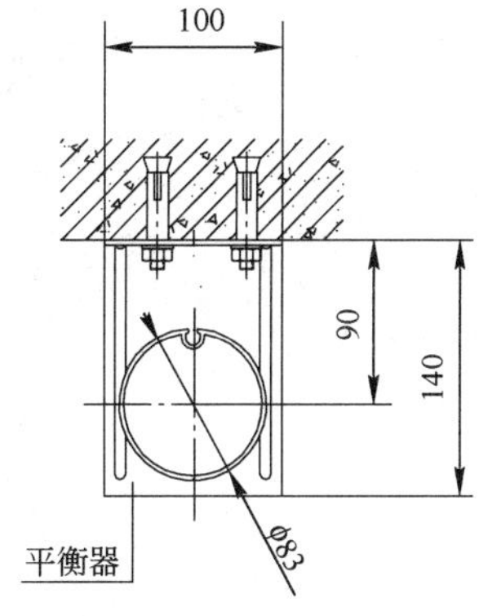

图 3-32 FTS 天篷帘平衡器安装侧视图

安装面说明：

(1) 钢结构：用六角螺栓紧固。安装脚为 M8，钢丝固定座为 M6。

(2) 混凝土结构：用 M8 钢膨胀螺栓紧固。安装脚为 M8，钢丝固定脚为 M6。

(3) 安装面如遇其他材料时，应按其材质确定紧固件型号、规格。

当建筑顶面不是平面，而是弧形面，安装的 FTS 也配的弧形结构。FTS 天篷帘(弧形曲线)结构图见图 3-33。

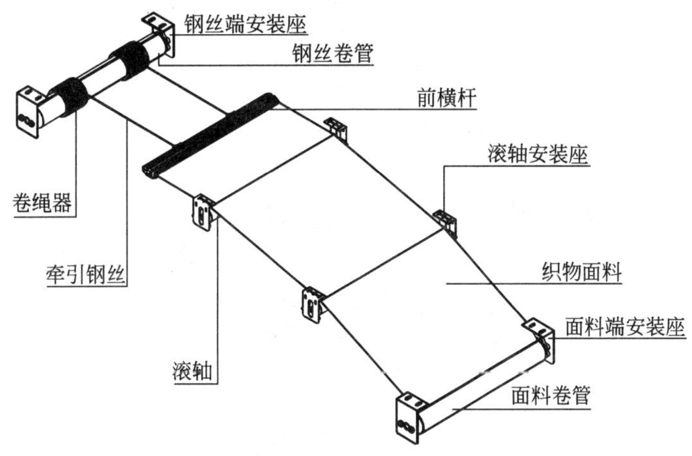

图 3-33 FTS 天篷帘(弧形曲线)结构图

当建筑顶面不是矩形，而是梯形或三角形，在一端没位置安装卷管安装座的情况下，FTS 的安装方式要作适当变换。把钢丝卷管、面料卷管都安装于同侧，另一端用定滑轮改变钢丝改变钢丝牵引方向。FTS 天篷帘(梯形/三角形)结构图见图 3-34。

3.3.4 弹簧卷取天篷帘(FSS)

3.3.4.1 结构图

根据设计需要，弹簧卷取天篷帘可以有两种形态。FSS-Ⅰ型天篷帘结构图见图 3-35，FSS-Ⅱ型天篷帘结构图见图 3-36。

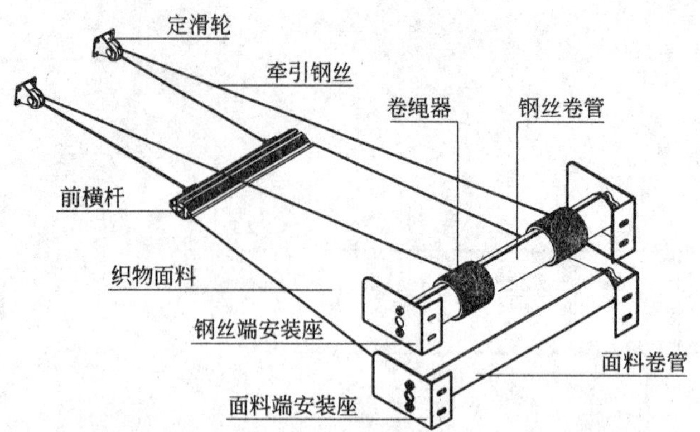

图 3-34　FTS 天篷帘(梯形/三角形)结构图

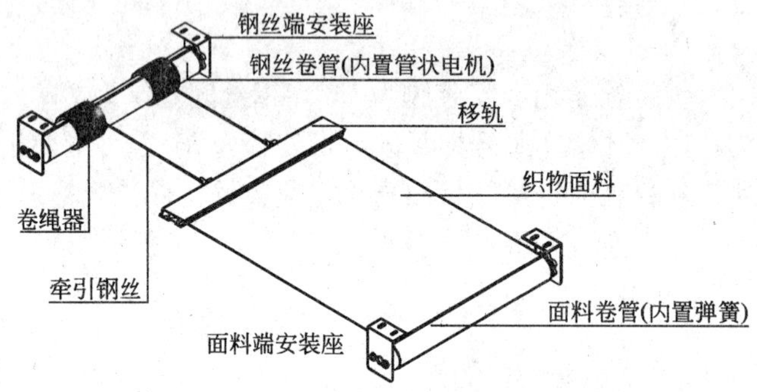

图 3-35　FSS-Ⅰ型天篷帘结构图

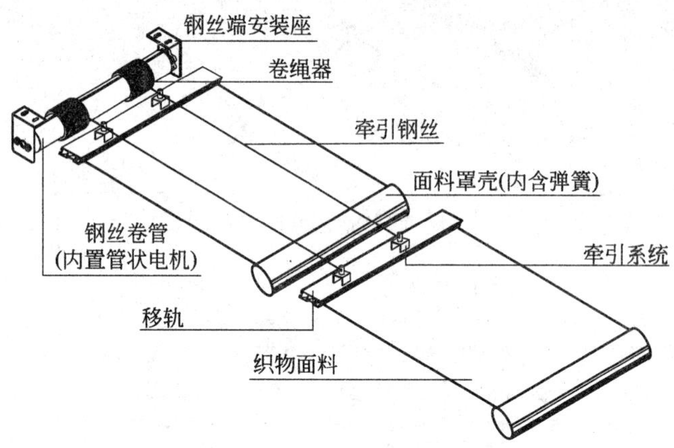

图 3-36　FSS-Ⅱ型天篷帘结构图

3.3.4.2　适合场所及应用实例

弹簧卷取天篷帘的适合场所与电动张紧天篷帘相同。一个电机拖动单幅帘布的长度在 5m 以内。采取一个电机可以拖动两幅帘布，虽然每幅帘布的长度还是 5m，但帘布遮挡面积就是单幅帘布的两倍。如果两幅帘布平行，俗称为一拖二；如果两幅帘布在同一轴线上，称为Ⅱ型；如果将电机卷管和弹簧卷管安装与同一侧，对侧安装一对定滑轮，称为定滑轮式。使用弹簧卷取式，可降低建筑物构件的承载力，而承载力即为弹簧的最大弹力。弹簧卷取式天篷帘应用实例见图 3-37。

(a)

(b)

图 3-37 弹簧卷取天篷帘应用实例

3.3.4.3 系统介绍

弹簧卷取天篷帘是电机张紧天篷帘的衍变产品，它是由电机和弹簧系统组成的机构，当电机拉动面料时，弹簧系统靠扭力使面料产生张紧力，电机在运动过程中，面料拉出面积越来越大，弹簧的扭力也越来越大，弹簧始终使面料处于平整状态。

弹簧卷取天篷帘相对于电机张紧天篷帘产品来说，最大优点是经济实用，面料可选性范围比较大。对面料断裂强力和撕破强力的要求大为降低。机构每套弹簧系统的张力可达到800N。

弹簧卷取天篷帘适用于工业和民用建筑，包括建筑的顶面、斜面、立面、弧形面等。在特定条件下也可用于室外遮阳。当建筑采光面中间无支点安装，且安装支点跨度不大于5m 时，弹簧卷取系统应是最佳选择。

弹簧卷取天篷帘单幅机构的组成配件见表 3-16。

单幅机构的组成配件 表 3-16

	序号	配件名称	数 量	型号	单位	备 注
基本配件	1	LT50 电机	1	6Nm	套	
				15Nm	套	
				25Nm	套	
				40Nm	套	
				50Nm	套	
	2	ϕ81 卷管	宽度			弹簧端
	3	ϕ64 卷管	宽度			电机端
	4	面料(选择)	宽度×长度			
	5	安装脚	1 套			
	6	面料移轨	宽度			
	7	ϕ2 钢丝绳	卷绳器数量×(长度+0.5)			
	8	钢丝连接器	卷绳器数量			
	9	弹簧机构	1 套			

续表

	序号	配件名称	数　量	型号	单位	备　注
基本配件	10	卷绳器	2个/1幅面料	长度=5m	个	正反螺旋
				长度=8m	个	
				长度=12m	个	
选配件	11	分控器	电机数量			群控时选用
	12	平衡器				选用
	13	特殊安装脚				选用
	14	ϕ51滚轴	宽度×档数		m	弧形选用
	15	ϕ51滚轴安装脚	每档1套		套	弧形选用
	16	电机罩壳	宽度×2			选用
	17	开关	1个			

3.3.4.4 电机和弹簧机构选用表

如果要遮挡3m²的FSS天篷帘，每幅宽2.5m，伸展长度为4m，即可选择一个25～40Nm的管状电机、3套弹簧机构来执行。FSS-Ⅰ型电机和弹簧机构选用见表3-17，不同天篷帘的弹簧机构数量可选择不同扭矩的电机，电机拖多幅机构时，一幅面料使用一套弹簧机构。

FSS-Ⅰ型电机和弹簧机构选用表　　表3-17

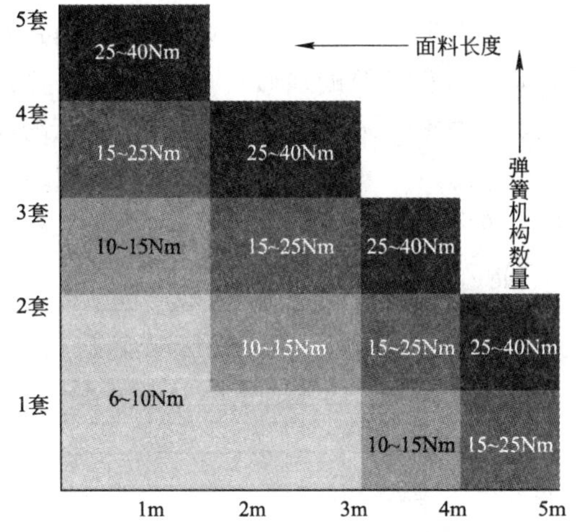

FSS-I型天篷帘系统，
每幅机构在面料许可情况下，
最大宽度3.5m,最小宽度1.2m。
机构最大长度为5m。
根据弹簧数量选择电机扭矩。
电机拖多幅机构时，
一幅面料配一套弹簧机构是最佳组合。

FSS-Ⅱ型电机和弹簧机构选用见表3-18。

3.3.4.5 安装结构及要求

FSS天篷帘安装在钢结构上时，安装座采用M5六角螺栓紧固，钢丝固定座采用M6六角螺栓紧固。FSS天篷帘安装在混凝土结构上时，安装座采用M5钢膨胀螺栓紧固，钢丝固定座采用M6钢膨胀螺栓紧固。

FSS(Ⅰ-Ⅱ)型天篷帘钢丝端侧装剖视安装图见图3-38，FSS-Ⅰ型天篷帘面料端侧装剖视安装图见图3-39，FSS(Ⅰ-Ⅱ)型天篷帘钢丝端顶装剖视安装图见图3-40，FSS-Ⅰ型天篷帘面料端顶装剖视安装图见图3-41，FSS(Ⅰ-Ⅱ)型天篷帘钢丝端侧装俯视安装图见图3-42，FSS-Ⅰ型天篷帘面料端侧装俯视安装图见图3-43，FSS(Ⅰ-Ⅱ)型天篷帘钢丝端顶装俯视安装图见图3-44，FSS-Ⅰ型天篷帘面料端顶装俯视安装图见图3-45。

FSS-Ⅱ型电机和弹簧机构选用表 **表 3-18**

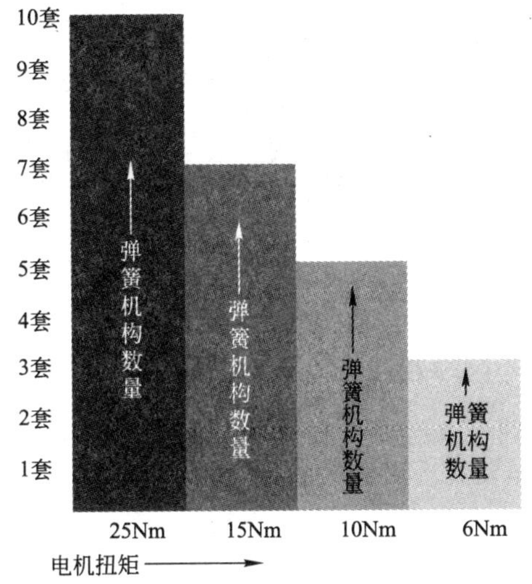

FSS-II型天篷帘系统，
每幅面料最大宽度2.5m，最大长度3m。
根据弹簧数量选择电机扭矩。
同台电机带动的面料长度需保持一致。
单个电机最多纵向带动面料幅数不宜超过10幅。
一幅面料配置一套弹簧机构。

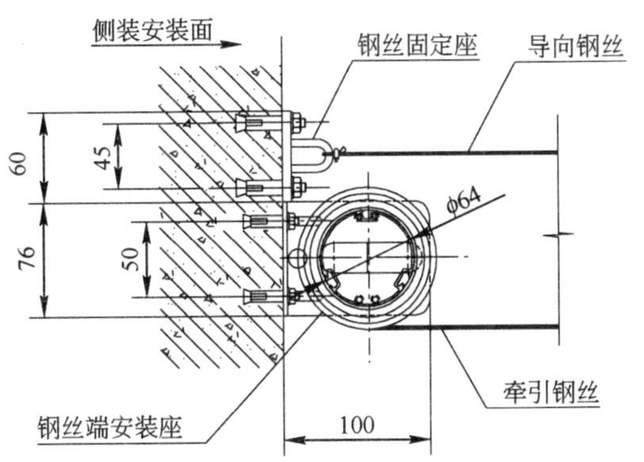

图 3-38 FSS(Ⅰ-Ⅱ)型天篷帘钢丝端侧装剖视安装图

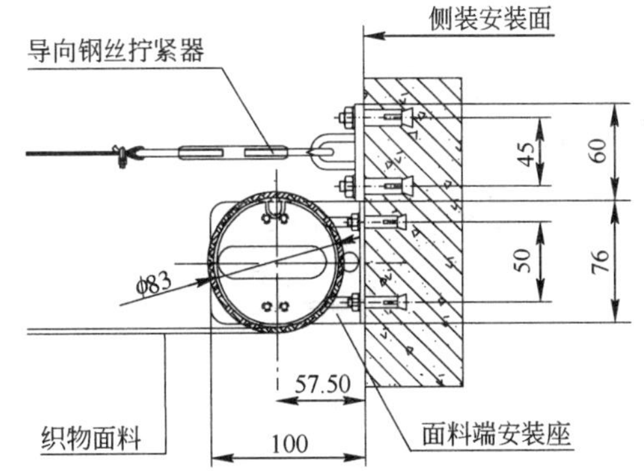

图 3-39 FSS-Ⅰ型天篷帘面料端侧装剖视安装图

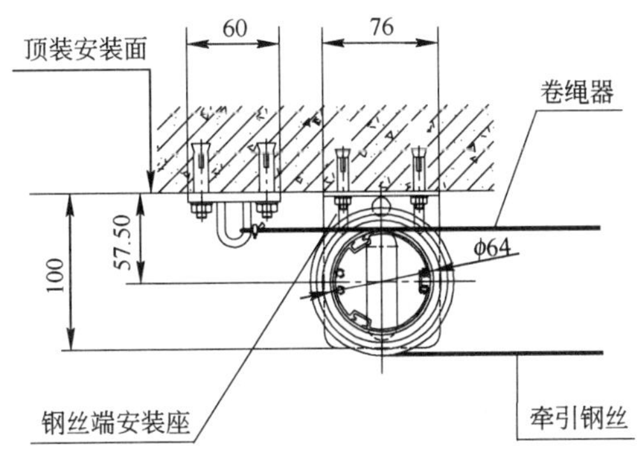

图 3-40 FSS(Ⅰ-Ⅱ)型天篷帘钢丝端顶装剖视安装图

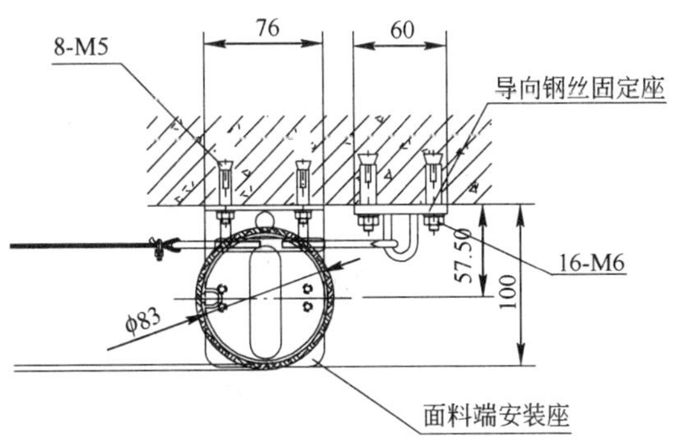

图 3-41 FSS-Ⅰ型天篷帘面料端顶装剖视安装图

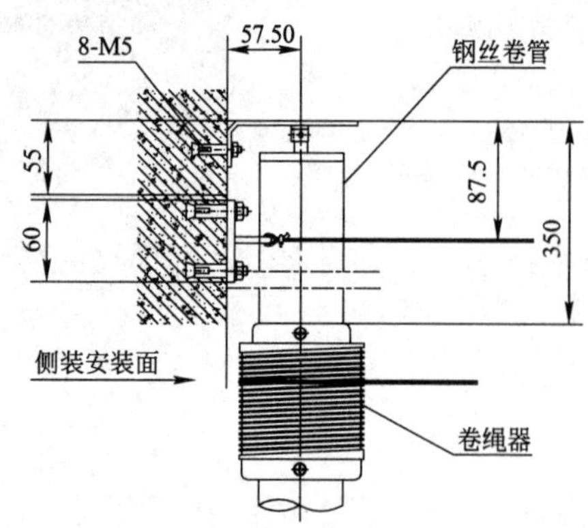

图 3-42　FSS(Ⅰ-Ⅱ)型天篷帘钢丝端侧装俯视安装图

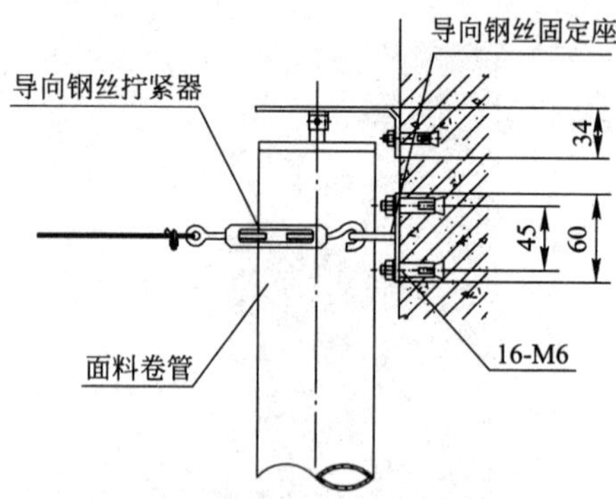

图 3-43　FSS-Ⅰ型天篷帘面料端侧装俯视安装图

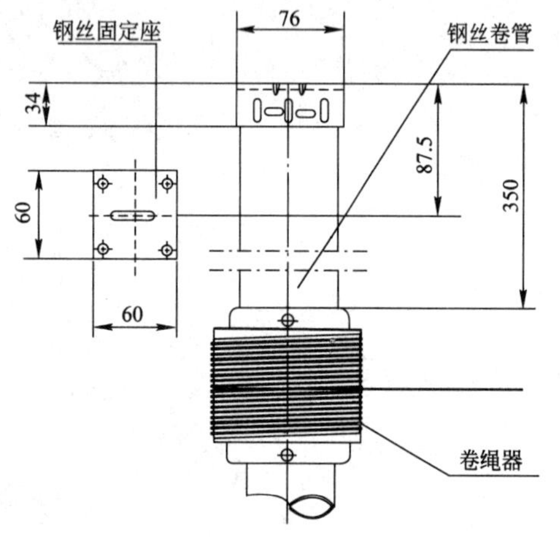

图 3-44　FSS(Ⅰ-Ⅱ)型天篷帘钢丝端顶装俯视安装图

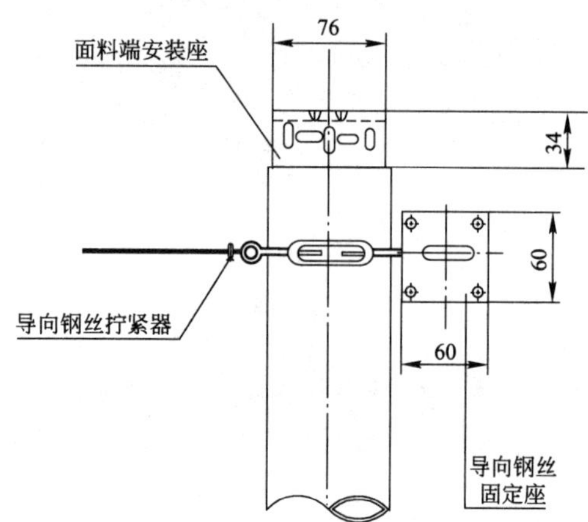

图3-45　FSS-Ⅰ型天篷帘面料端顶装俯视安装图

根据设计需要，可以将两个单幅 FSS 天篷帘用一个电机驱动，行业俗称一拖二。FSS 天篷帘(一拖二)结构图见图 3-46。

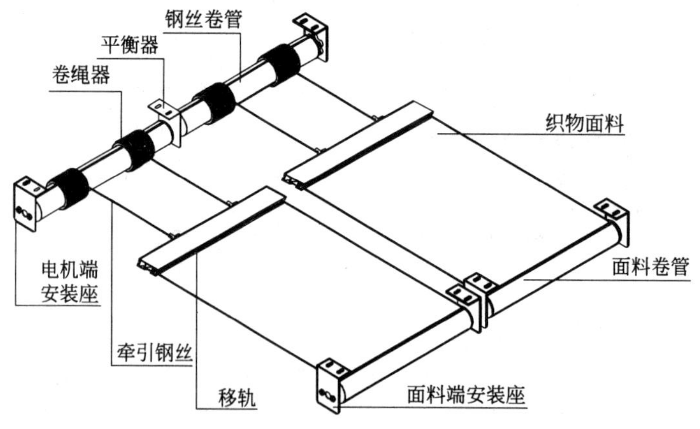

图 3-46　FSS 天篷帘(一拖二)结构图

当FSS遮挡面成弧形，可以设置滚轴，由滚轴安装座来支撑，面料伸展时成折线。FSS天篷帘(弧形曲线)结构图见图3-47。

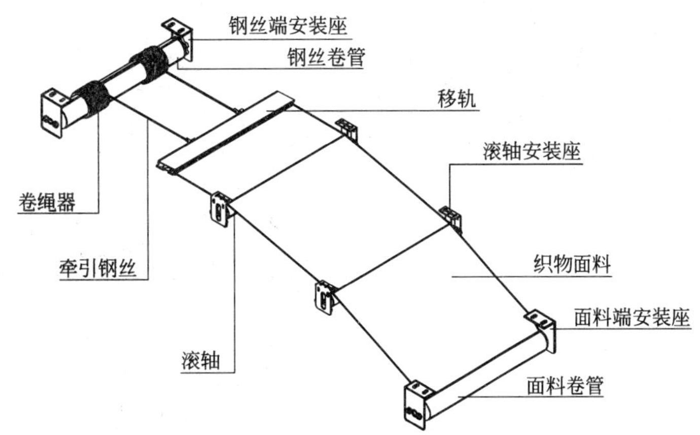

图3-47 FSS天篷帘(弧形曲线)结构图

3.3.5 钢丝导向折叠式天篷帘(FCS)

3.3.5.1 结构图

钢丝导向折叠式天篷帘，行业俗称FCS天篷帘。FCS天篷帘的伸展收合方式可分为两种形态：一种是整体伸展，称为FCS-Ⅰ型；一种是分成二段，可使伸展收合时间缩短一半，称为FCS-Ⅱ型。FCS-Ⅰ型天篷帘结构图见图3-48，FCS-Ⅱ型天篷帘结构图见图3-49。

3.3.5.2 适合场所及应用实例

FCS天篷帘的适合场所与电机张紧天篷帘基本相同，但在收合时呈悬挂式，伸展时悬挂部分逐步拉挺，最后拉紧，电机动力不构成内部张力，动力仅作移动之用，因此对建筑承载影响很小，特别适合大型的、宽度大的场合，但不适合用于室外。钢丝导向折叠式天篷帘最小宽度为1m，最大宽度为4.5m，机构的最大长度可达12m，牵引钢丝和钢丝夹头在不同位置上连接就会产生不同开启收合效果。普通的FCS-Ⅰ型是整幅运动，从头收

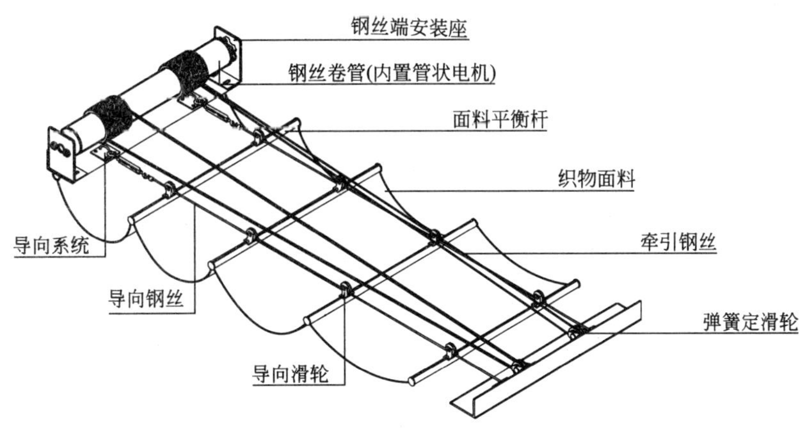

图3-48 FCS-Ⅰ型天篷帘结构图

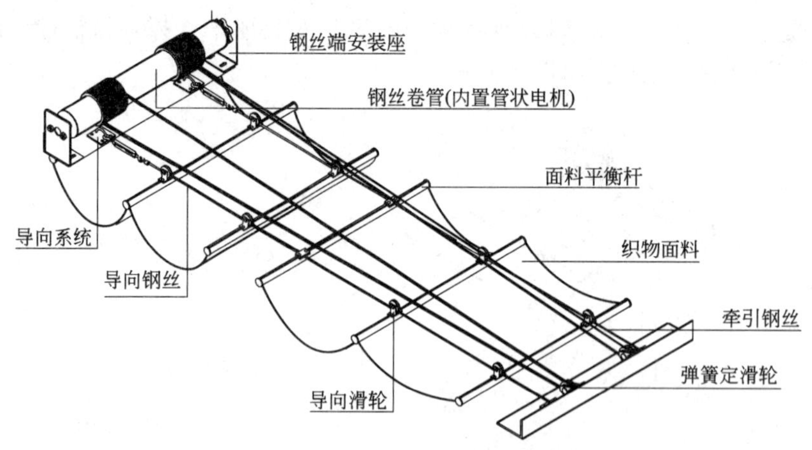

图 3-49　FCS-Ⅱ型天篷帘结构图

到尾；FCS-Ⅱ型是分成多组，运动时多组一齐运动，收合不完全在某一端，而是间隔等分分布，分别悬挂在多个点上。如果将面料分成两组，伸展时帘布向两边运动，行业中称为双开。和弹簧张紧天篷帘类似，钢丝导向折叠式天篷帘也可做成一个电机拖二幅或多幅帘布，称一拖二或一拖多。钢丝导向折叠式天篷帘应用实例见图 3-50。

(*a*)　(*b*)

图 3-50　钢丝导向折叠式天篷帘应用实例

3.3.5.3 系统介绍

钢丝导向折叠式天篷帘是面料折叠单循环牵引机构，由移动面料支撑机构和单电机循环机构两部分组成。

移动面料支撑机构有两种形式：一种是钢丝支撑导向机构；另一种是轨道支撑导向机构。两种形式都是折叠式面料，放开时，面料中间有支撑杆；收回时，面料呈折叠状。

面料移动是通过钢丝循环机构来实现的，电机带动卷管及卷绳器转动，钢丝通过卷绳器和定滑轮循环带动面料运动。机构运转平稳，而且噪声小。

当建筑采光顶面中间无支撑点时，采用钢丝支撑导向机构，此时导向钢丝通过两端固定并收紧。面料通过支撑杆上的移动滑轮沿导向钢丝移动，钢丝牵引机构安装在面料机构上方，并通过前部牵引杆在钢丝作循环运动时收放。

当建筑采光面中间可安装支撑点时，采用轨道支撑导向机构，此时面料通过支撑杆上的移动滑轮在轨道内移动，钢丝牵引机构安装在面料机构上方，并通过前部牵引杆在钢丝上作循环运动时收放。

钢丝导向折叠式天篷帘单幅机构的组成配件见表 3-19。

单幅机构的组成配件 **表 3-19**

	序号	配件名称	数　量	型号	单位	备　注
基本配件	1	电机	1个	6Nm	只	
				15Nm	只	
	2	ϕ64 卷管	宽度		m	
	3	面料(选择)	宽度×长度		m^2	
	4	电机安装脚	1套		套	
	5	导向钢丝安装脚	2×卷绳器数量		个	
	6	弹簧定滑轮	2个		只	
	7	卷绳器	2个(正反、方向)	长度=5m	只	
				长度=8m	只	
				长度=12m		
	8	导向滑轮	(2个×1档)/1～1.5m		个	
	9	面料支撑杆(ϕ22 底轨/ϕ28 底轨)	宽度×档/1～1.5m		m	
	10	ϕ4 导向钢丝绳	(长度+0.5)×2		m	
	11	ϕ2.5 牵引钢丝绳	(3×长度+0.5) ×2		m	
	12	钢丝吊紧器	2个		套	长度超过 8m 时建议使用 4 个
选配件	13	分控器	电机数量		个	群控时选用
	14	特殊安装脚(抱箍)			套	选用
	15	电机罩壳	宽度		m	选用
	16	开关	1个		个	

由于 FCS 天篷帘的面料有支撑杆支撑，故面料不承受很大的抗拉强力，为此平整的装饰面料、阳光面料均可使用。

3.3.5.4 电机承载力选用表

根据天篷帘的面积要求选择电机，面料通常在 200～300g/m^2 之间，钢丝导向折叠式天篷帘电机选用表见表 3-20。

3.3.5.5 安装结构及要求

钢丝导向折叠式天篷帘(FCS)的安装及要求见下列图示：FCS 天篷帘钢丝端侧装剖视图见图 3-51，FCS 天篷帘定滑轮端侧装剖视图见图 3-52，FCS 天篷帘钢丝端侧装俯视图见图 3-53，FCS 天篷帘定滑轮端侧装俯视图见图 3-54，FCS 天篷帘钢丝端顶装剖视图见图 3-55，FCS 天篷帘定滑轮端顶装剖视图见图 3-56，FCS 天篷帘钢丝端顶装俯视图见图 3-57，FCS 天篷帘定滑轮端顶装俯视图见图 3-58，FCS 天篷帘平衡器安装正视图见图 3-59，FCS 天篷帘平衡器安装侧视图见图 3-60。

钢丝导向折叠式天篷帘电机选用表 **表 3-20**

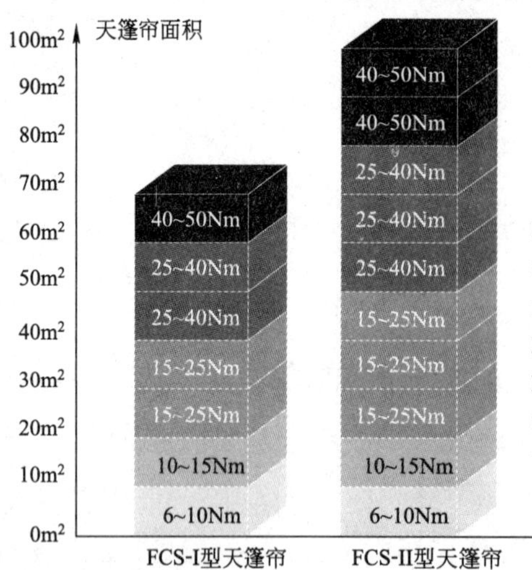

FCS天篷帘系统,由于机构不受面料门幅影响,
在增设导向系统数量的前提下,
最大宽度4.5m,最小宽度1m。
FCS-I型机构最大长度为:单开12m,双开24m。
FCS-II型机构最大长度可达40m。
根据拖动面积选择电机扭矩。
可实现一拖多幅形式。

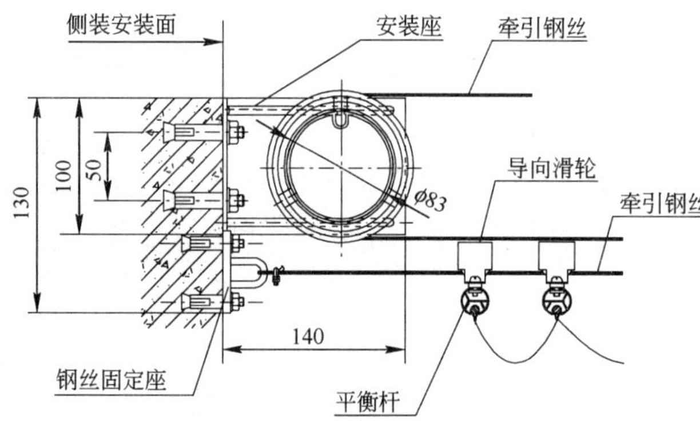

图 3-51 FCS 天篷帘钢丝端侧装剖视图

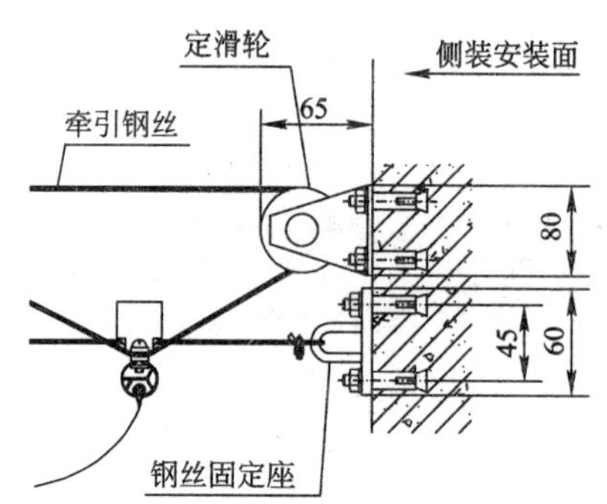

图 3-52 FCS 天篷帘定滑轮端侧装剖视图

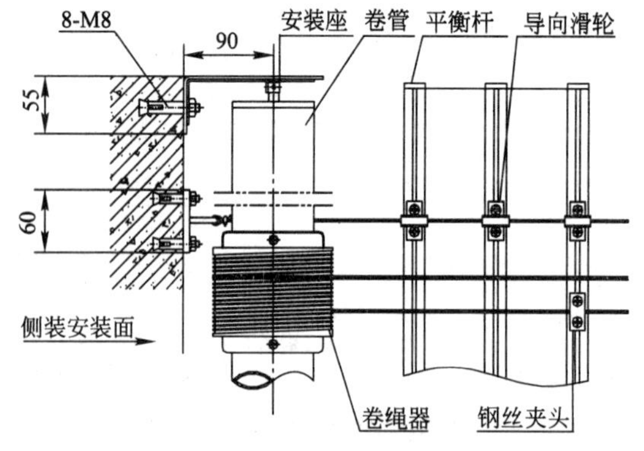

图 3-53 FCS 天篷帘钢丝端侧装俯视图

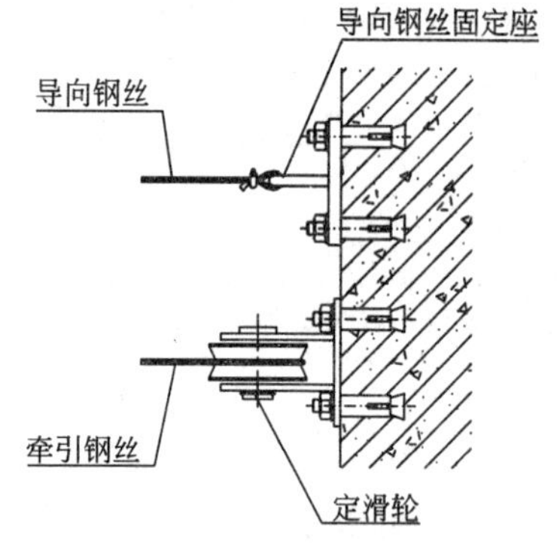

图 3-54 FCS 天篷帘定滑轮端侧装俯视图

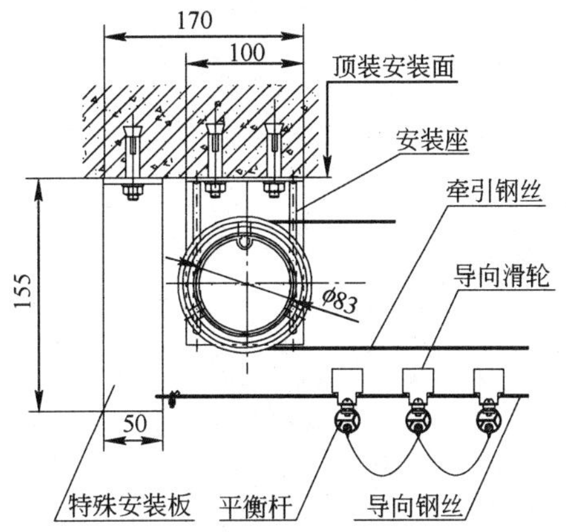

图 3-55 FCS 天篷帘钢丝端顶装剖视图

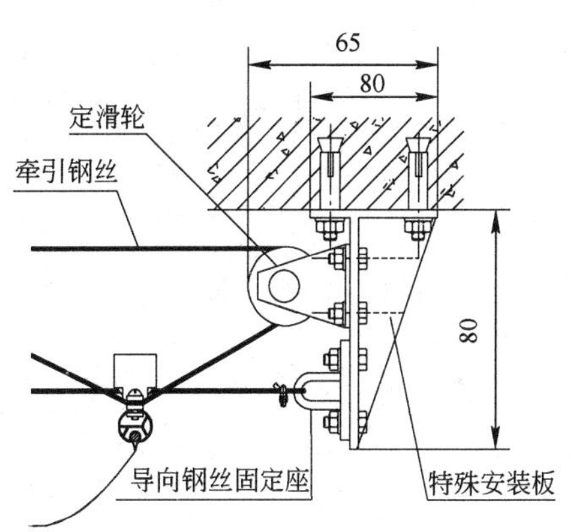

图 3-56 FCS 天篷帘定滑轮端顶装剖视图

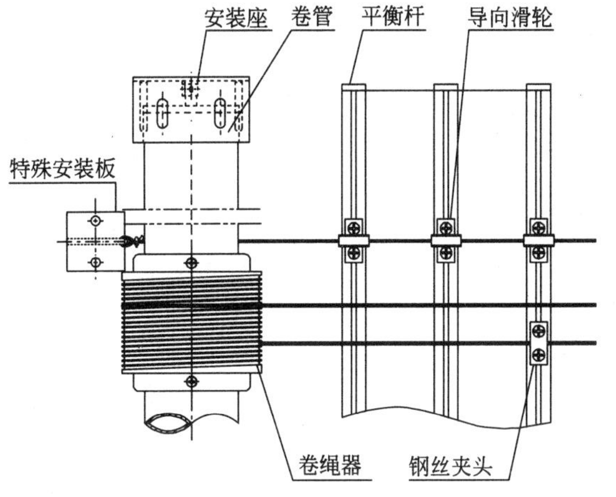

图 3-57 FCS 天篷帘钢丝端顶装俯视图

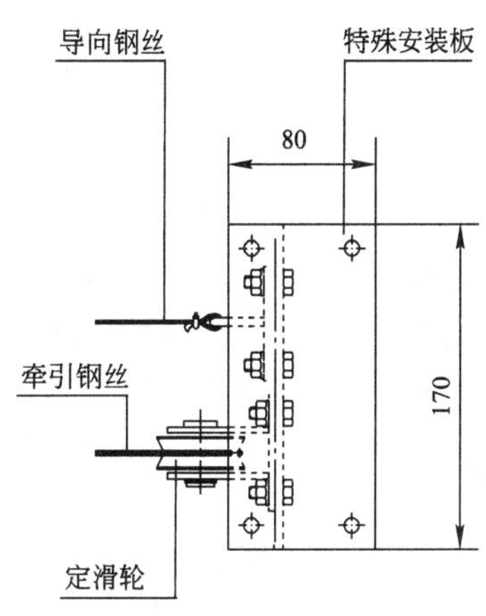

图 3-58 FCS 天篷帘定滑轮端顶装俯视图

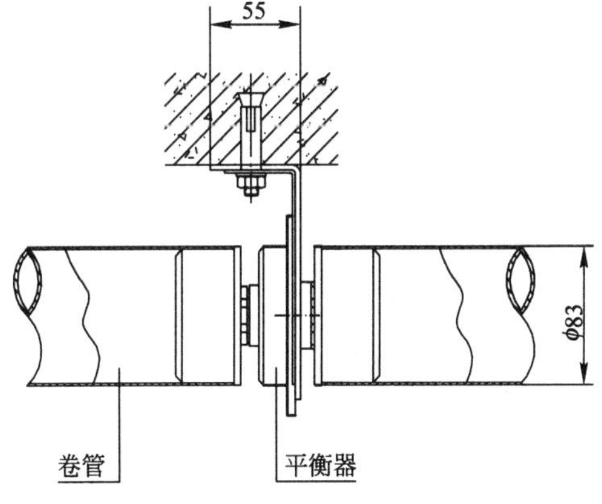

图 3-59 FCS 天篷帘平衡器安装正视图

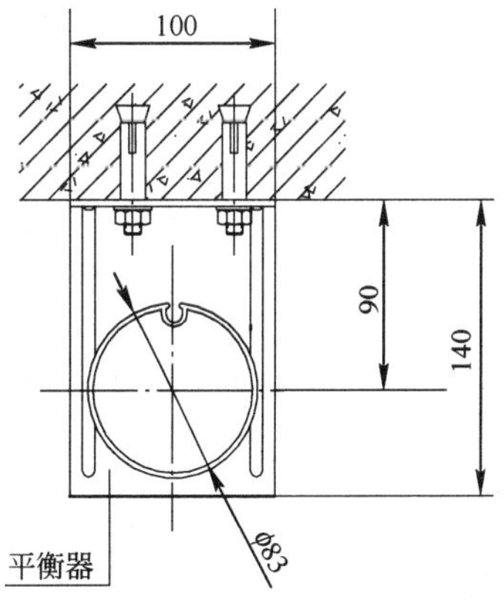

图 3-60 FCS 天篷帘平衡器安装侧视图

FCS 天篷帘一个电机可以平行拖动两幅帘布。FCS 天篷帘(一拖二)结构图见图 3-61。

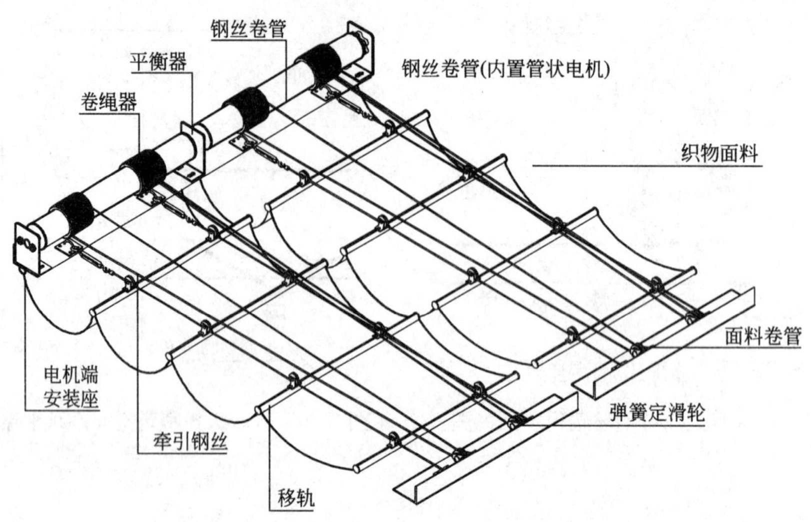

图 3-61　FCS 天篷帘(一拖二)结构图

3.3.6　扭力卷取天篷帘(FRS)

3.3.6.1　结构图

扭力卷取天篷帘结构图见图 3-62。

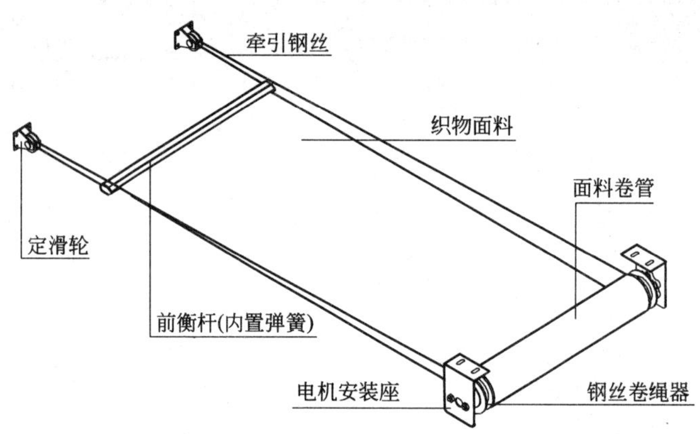

图 3-62　扭力卷取式天篷帘结构图

3.3.6.2　适合场所及应用实例

扭力卷取天篷帘适合场所和电机张紧天篷帘基本相同。使用一个电机，在卷管内部增加一个内卷管，内卷管和外卷管之间用强力扭簧连接，这样，在使用一个电机的情况下，可实现两个电机张紧的效果，在伸展收合时均能保持面料平挺，避免明显下坠。扭力卷取天篷帘应用实例见图 3-63。

3.3.6.3　系统介绍

扭力卷取天篷帘是面料平幅单循环牵引机构，由移动面料卷取机构和单电机循环两部分组成。在建筑采光面上不安装支撑点。

(a)

(b)

图 3-63 扭力卷取天篷帘应用实例

面料移动是用单电机通过钢丝循环机构来实现的。正转时，电机带动卷管收卷面料。反转时，带动卷盘钢丝通过对面的定滑轮再拉动面料底轨使面料伸展。

卷取机构采用了扭簧连接的双卷管系统。当面料完全收在卷管上时，卷绳器存留的钢丝处在卷绳器的底部，旋转半径最小，而面料在卷管外面旋转半径最大，反之到了伸展的最大值的部位，面料处在卷管表面，而钢丝处在卷绳器的外围，在这种循环系统里由于线速度不一致，因而不能实现卷取同步，会出现时松时紧，波浪跳跃，产生下坠。为了避免这种情况，将电机装在内卷管上，面料卷在外卷管上。当内、外卷管出现钢丝和面料线速度不一致时。内卷管和外卷管之间出现扭力，通过扭簧可以平衡这个扭力。因承受面料下坠的张力，内卷管和外卷管的角速度不一致，而使钢丝和面料的线速度趋于一致。这样在卷取时面料可以保持平稳移动。

3.3.6.4 电机承载力选用表

根据天篷帘的面积要求选择电机，面料通常在 200～300g/m^2 之间，扭力卷取天篷帘电机选用表见表 3-21。

扭力卷取天篷帘电机选用表 **表 3-21**

电机规格	15Nm	25Nm	40Nm
最大长度(m)		10	
适合制作最大面积(m^2)	10	20	30
最小宽度(m)		1	
最大宽度(m)		3	

值得指出的是，将卷管放在底下，使面料垂直上下移动，旋转变成一种特殊的电动卷帘，该卷帘面料不再是自上而下伸展，而是自下而上伸展，应用于下部遮阳、上部透光的场合，极为有效。

3.3.6.5 安装结构及要求

扭力卷取天篷帘安装结构及要求见下列图示：FRS 扭力卷取天篷帘电机端侧装剖视图见图 3-64，FRS 扭力卷取天篷帘定滑轮端侧装剖视图见图 3-65，FRS 扭力卷取天篷帘电机端侧装俯视图见图 3-66，FRS 扭力卷取天篷帘定滑轮端侧装俯视图见图 3-67，FRS

扭力卷取天篷帘电机端顶装剖视图见图 3-68，FRS 扭力卷取天篷帘定滑轮端顶装剖视图见图 3-69，FRS 扭力卷取天篷帘电机端侧装俯视图见图 3-70，FRS 扭力卷取天篷帘定滑轮端侧装俯视图见图 3-71。

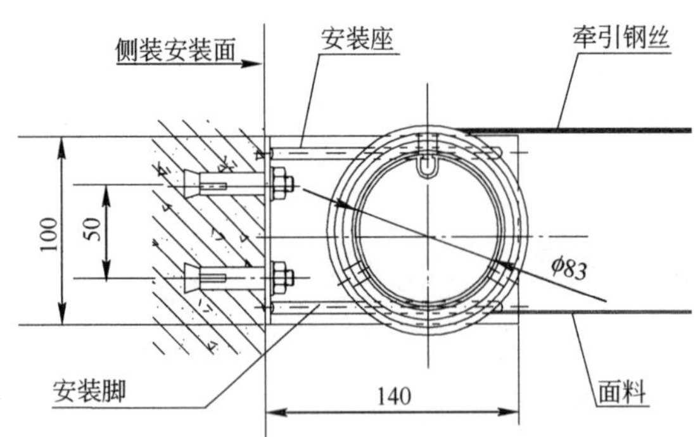

图 3-64　FRS 天篷帘电机端侧装剖视图

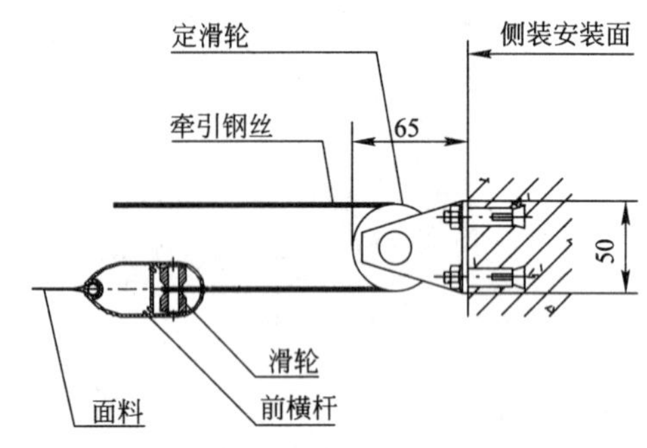

图 3-65　FRS 天篷帘定滑轮端侧装剖视图

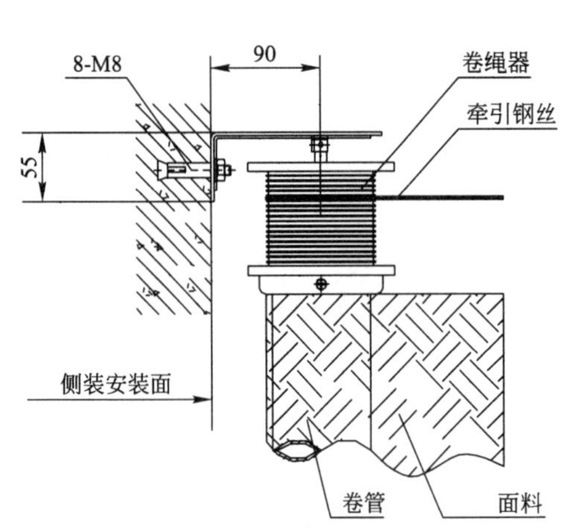

图 3-66　FRS 天篷帘电机端侧装俯视图

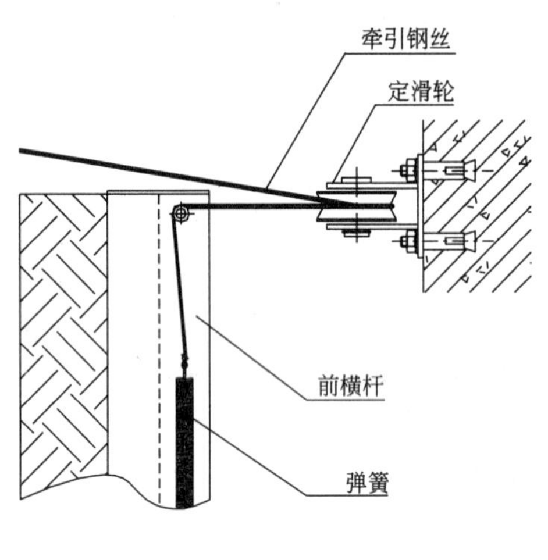

图 3-67　FRS 天篷帘定滑轮端侧装俯视图

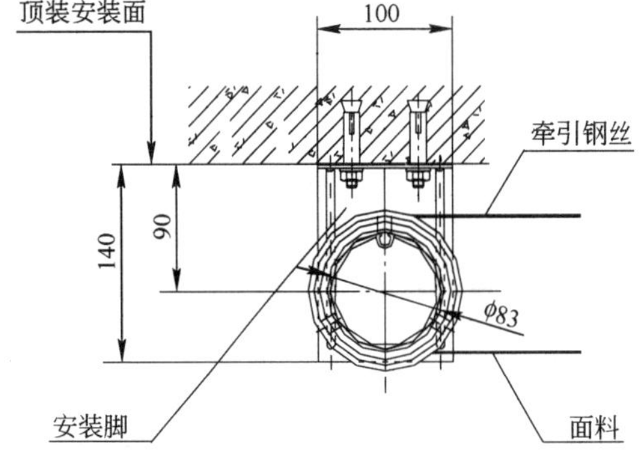

图 3-68　FRS 天篷帘电机端顶装剖视图

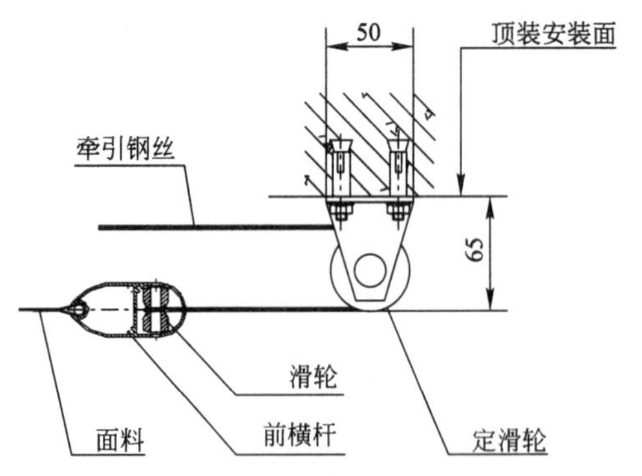

图 3-69　FRS 天篷帘定滑轮端顶装剖视图

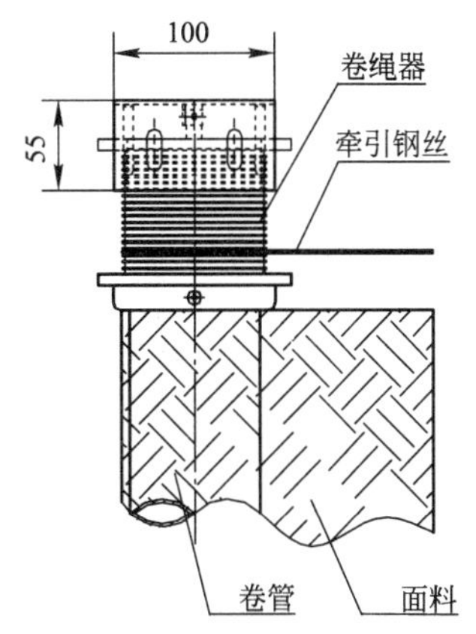

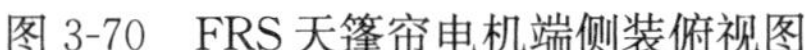

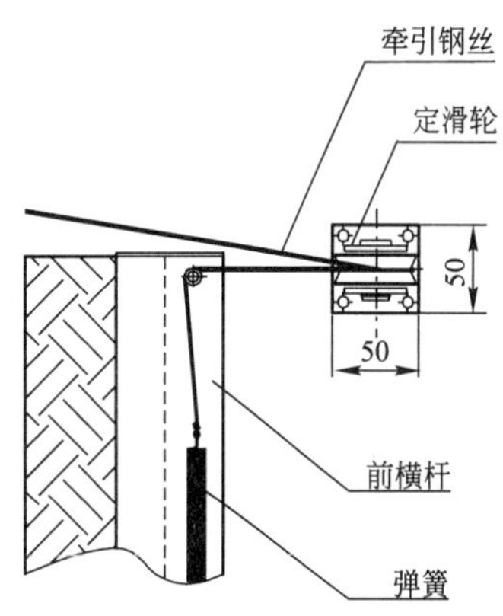

图 3-70　FRS 天篷帘电机端侧装俯视图　　图 3-71　FRS 天篷帘定滑轮端侧装俯视图

3.3.7 电动双轨折叠式天篷帘(DTS)

3.3.7.1 结构图

电动双轨折叠式天篷帘结构图见图 3-72。

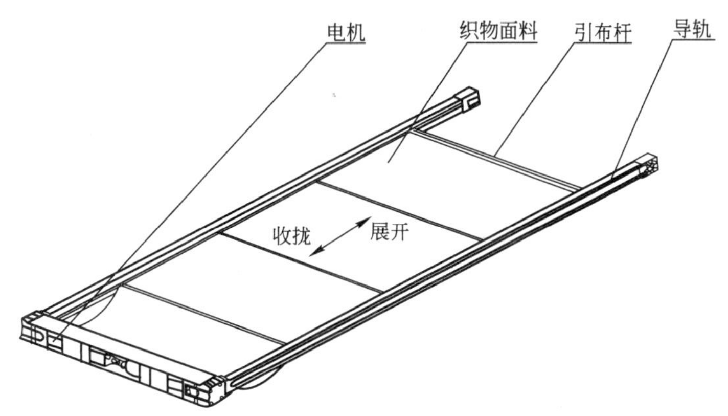

图 3-72　电动双轨折叠式天篷帘结构图

3.3.7.2 适合场所及应用实例

电动双轨折叠式天篷帘适用于室内采光顶的顶部或斜侧面玻璃采光窗框上，特别适用于高级住宅阳光室、花棚、玻璃阳台等处，可调节阳光入射，保持室内温度，避免强光辐射，改善采光效应。

此种系统可以是直线，也可以是弧形，运用得当可以基本和建筑曲线相吻合，造型美观又实用，可完善建筑设计与室内装饰。双轨折叠式天篷帘应用实例见图 3-73。

3.3.7.3 系统介绍

电动双轨折叠式天篷帘机构由左右两根导轨组成，使用一组或两组交流同步窗轨电机，当电机启动时带动履带或同步带伸展收合天篷帘，通过弹性引布轴牵引面料从而达到遮阳的目的。采用两台及两台以上交流同步电机时，其中只有一台为主控电机，其余为副电机。当天篷帘运行时，控制系统控制主控电机和副电机同步运动。帘布运行至极限位置

(a)

(b)

图 3-73　双轨折叠式天篷帘应用实例

时自动停止，或内置自动感应装置可使电机停止。两根轨道既是面料运行机构，又是面料支撑机构。面料受牵引杆的牵引而来回运动，面料收回时，呈折叠状。也可使用单电机，使用单电机时，采用连动轴实现左右同步转速。双电机单幅机构的组成配件见表 3-22。

双电机单幅机构的组成配件　　　**表 3-22**

序号	产　品　名	材　　质	序号	产　品　名	材　　质
1	电动轨	铝合金	8	20s 固定件	A3
2	传动箱 A	铝合金	9	T 型轮架	尼龙
3	传动尾箱	ABS	10	T 型轮	尼龙
4	连接组件	尼龙	11	13.4 铝管	铝合金
5	菱形安装脚	A3	12	10.5 铝管	铝合金
6	履带	尼龙/A3	13	主、副电机	A3
7	防脱卡	尼龙			

3.3.7.4　电机承载力选用参数表

根据所需遮挡面积选用不同规格组合的电机，双轨式天篷帘电机选用与承载力参数见表 3-23。

双轨式天篷帘电机选用与承载力参数　　　**表 3-23**

电机功率与数量	30W×2	30W×4	45W×2	45W×4
单幅机构最小宽度(m)	0.65			
单幅机构最大宽度(m)	2.2			
直线轨道最大长度(m)	4	8	6	12
最大面积(m^2)	8	16	12	24
弧形轨最大长度(m)	2.5	6	4	8
最大面积(m^2)	4	12	8	16

3.3.7.5　安装结构及要求

DTS 双轨式天篷帘的安装及要求见下列图示：DTS 双轨式天篷帘安装脚框外安装顶

视图见图 3-74，DTS 双轨式天篷帘轨道菱形安装架顶视图见图 3-75，DTS 双轨式天篷帘面料状态示意图见图 3-76，DTS 双轨式天篷帘安装脚安装俯视图见图 3-77，DTS 双轨式天篷帘安装脚框内安装顶视图见图 3-78。

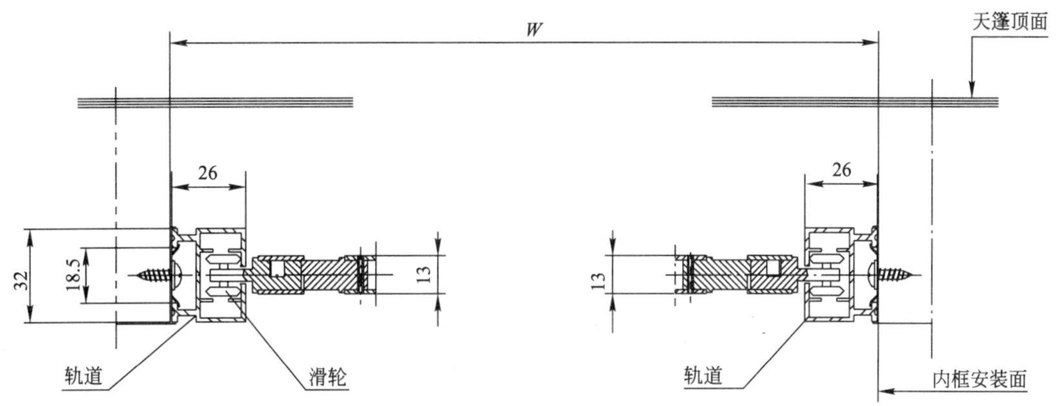

图 3-74 DTS 双轨式天篷帘安装脚框外安装顶视图

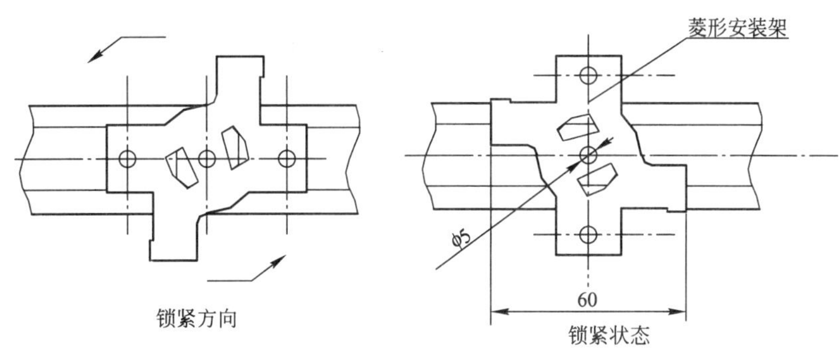

图 3-75 DTS 双轨式天篷帘轨道菱形安装架顶视图

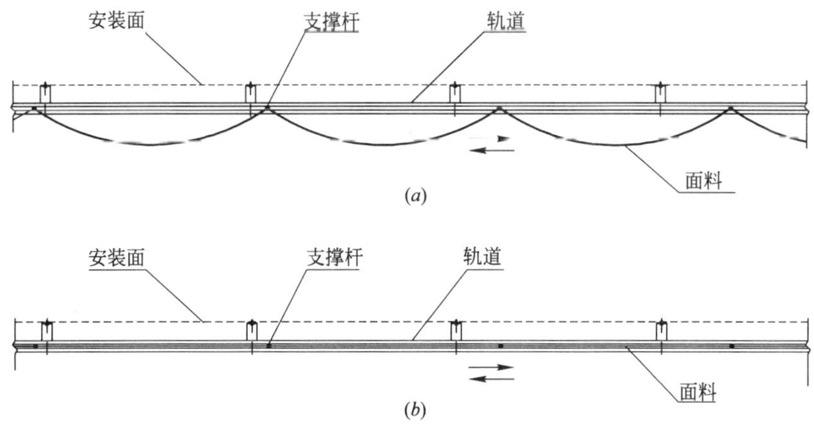

图 3-76 DTS 双轨式天篷帘面料状态示意图

(*a*)面料下垂；(*b*)面料平直

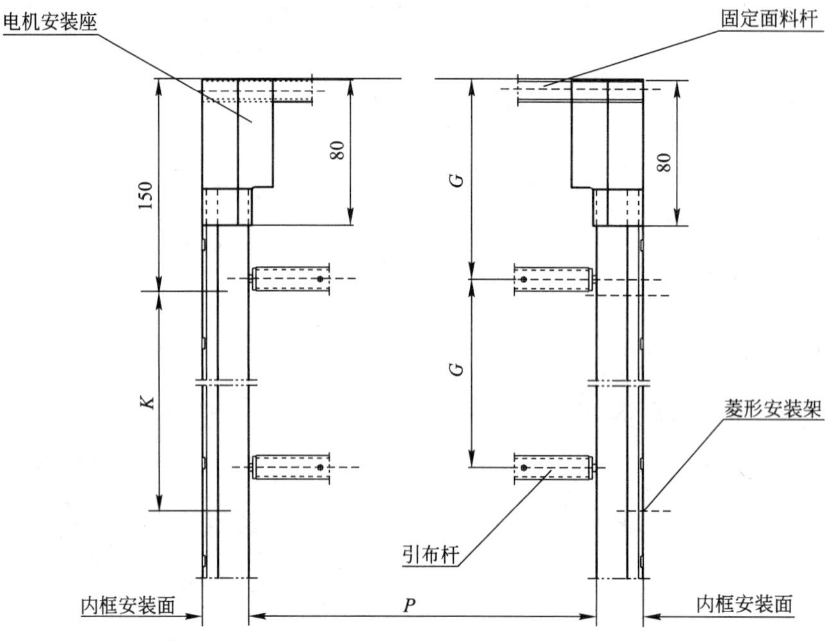

图 3-77　DTS 双轨式天篷帘安装脚安装俯视图

P—帘布宽；*G*—档距；*K*—安装座距

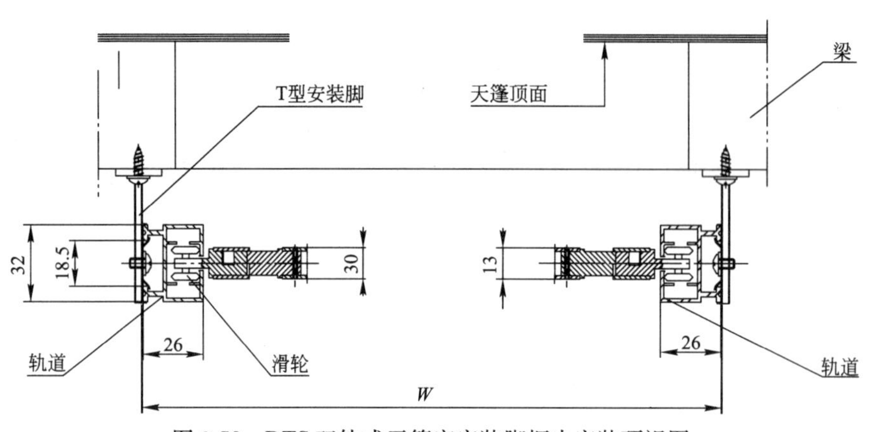

图 3-78　DTS 双轨式天篷帘安装脚框内安装顶视图

W—帘布宽

3.3.7.6　电路控制图

电路控制图可参见图 5-13 无线遥控开合帘主副电机电路图及图 5-14 无线遥控带手动开合帘主副电机群控电路图。

3.4 布　　帘

布帘是内遮阳应用最广泛的产品，对应于百叶帘、垂直帘，又有平帘之称。

布帘由面料和导轨系统两部分组成，导轨系统主要有轻型轨(如 20Q 轨)、重型轨(如 30Q 轨)和电动轨三类。布帘轨道列表见表 3-24。

面料是纱类轻薄织物时，通常选用轻型轨，厚重类面积较大的布帘采用重型轨和电动轨。

布帘轨道列表 表 3-24

轨道名称	图例	说明
20-Q 轨	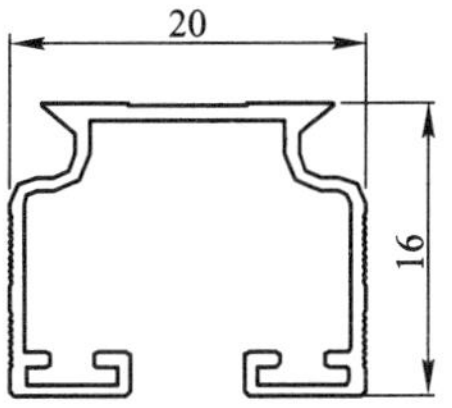 20 16	许用窗轨长度 4m 许用帘布重量 25kg
30-Q 轨	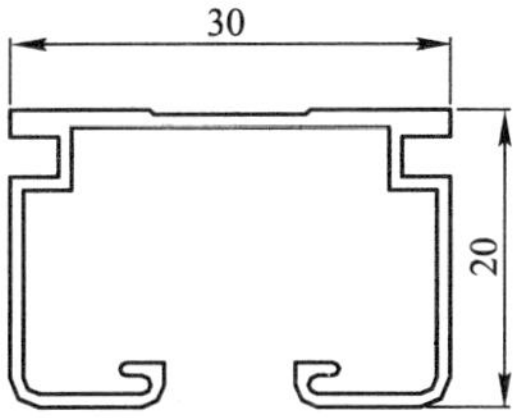 30 20	许用窗轨长度 12m 许用帘布重量 50kg
电动窗轨	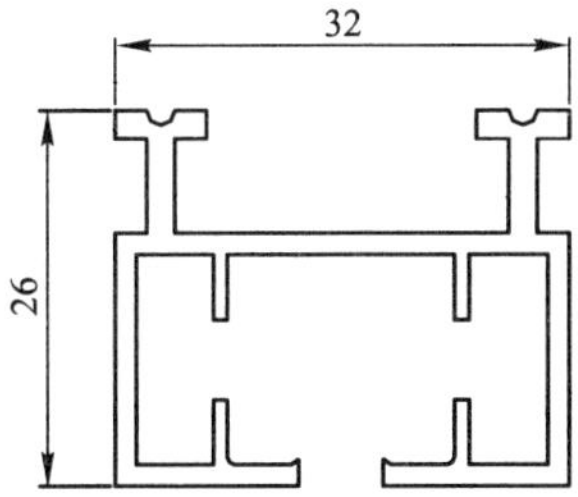 32 26	许用窗轨长度 13m 许用帘布重量 30kg
手动电动两用轨	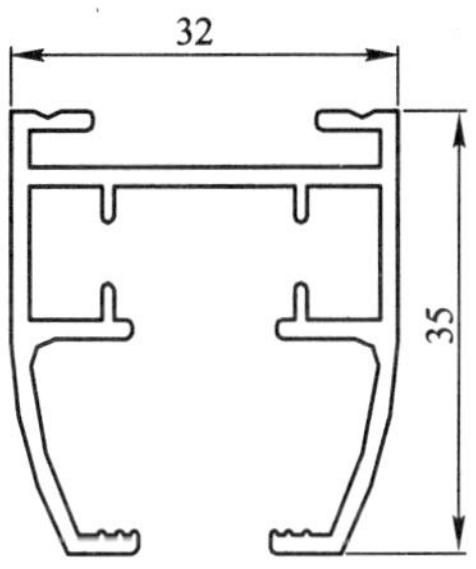 32 35	许用窗轨长度 13m 许用帘布重量 25kg

3.4.1 20Q 直窗轨

20Q 轨道系列布帘是采用 20Q 铝轨、20 式覆盖滑移架(绳扣)、滑轮拉绳等组成的 20Q 平帘机构。此机构适用于中等帘布重量，操作方便，窗帘伸展收合可任意停位。布帘中间重叠覆盖 20cm，可改善遮光效果。此机构已完全替代早期的工字轨和镀锌管窗帘轨，可广泛用于任何室内窗饰处。

3.4.1.1 适合场所及应用实例

20Q 平常适用于卧室、起居室等场所。20Q 直窗轨应用实例见图 3-79。

3.4.1.2 系统介绍

20Q 直窗轨可以制成绳拉式和手拉式两种。

(1) 20Q 绳拉轨

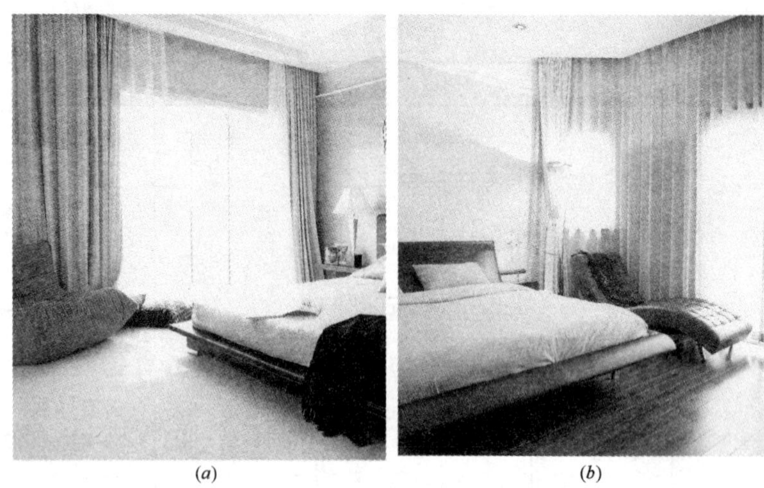

图 3-79　20Q 直窗轨应用实例

20Q 绳拉轨结构见图 3-80。

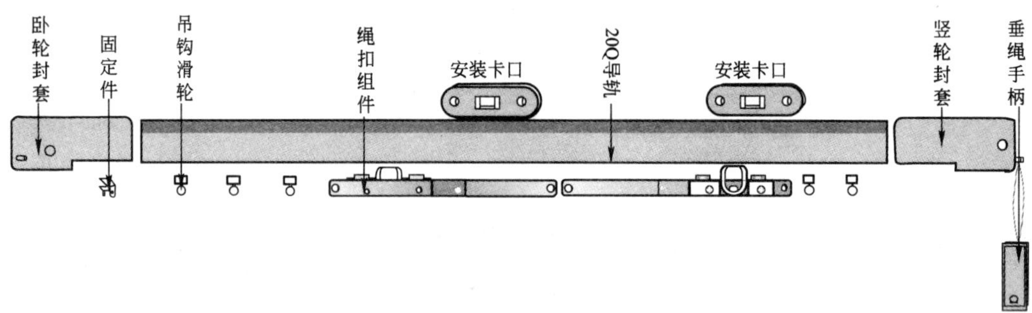

图 3-80　20Q 绳拉轨结构图

(2) 20Q 手拉轨

20Q 手拉轨结构见图 3-81。

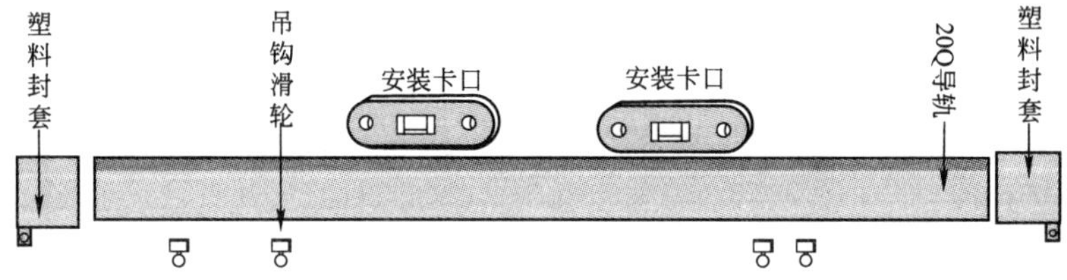

图 3-81　20Q 手拉轨结构图

3.4.1.3　机构承载力选用参数表

机构承载力选用参数见表 3-25。

机构承载力选用参数　　**表 3-25**

	最大宽度(m)	最大高度(m)	机构最大承载力(kg)
20Q 绳拉	4	3	25
20Q 手拉	4	4	30

20Q绳拉轨组成配件见表3-26。

20Q绳拉轨组成配件 **表3-26**

序号	配件名称	数量	备注
1	绳扣组件	单开1套，双开2套	
2	卧轮封套	1套	
3	竖轮封套	1套	
4	固定件	2套	
5	吊钩滑轮	8个/m	
6	导轨	长度	
7	编织绳	2倍高度	
8	轨道接头	轨道拼接时使用	选配
9	安装卡口	2个/m	1只/60cm
10	垂绳手柄	1个	
11	弹性绳锤	1个	选配
12	侧装角尺	2个/m	选配

注：20Q铝合金型材轨道有喷塑和氧化两种表面处理方式。

20Q手拉轨组成配件见表3-27。

20Q手拉轨组成配件 **表3-27**

序号	配件名称	数量	备注
1	塑料封套	2个	
2	吊钩滑轮	8个/m	
3	导轨	长度	
4	轨道接头	轨道拼接时使用	选配
5	拨棒	单开1根，双开2根	选配
6	安装卡口	2个/m	1只/60cm
7	侧装角尺	2个/m	选配

注：20Q铝合金型材轨道有喷塑和氧化两种类表面处理方式。

3.4.1.4 20Q安装结构及要求

手拉式20Q布帘安装结构见图3-82。

3.4.2 20Q弧窗轨

20Q轨道可使用弯弧机弯制成圆弧形曲线，使用于圆弧形的窗上。两段不同直径圆弧轨可用轨道连接器在切线方向连接。

3.4.3 30Q直窗轨

30Q轨道系列布帘是采用30Q铝轨、30式覆盖拉移器(绳扣)、30式滑轮和滚针轴承

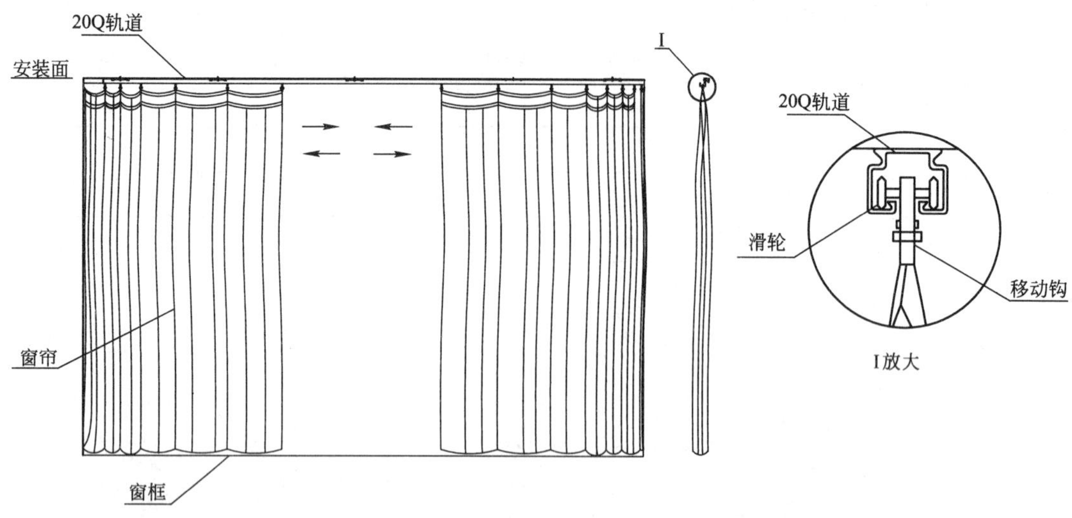

图 3-82　手拉式 20Q 布帘安装结构图

化的封套及直径为 4mm 的拉绳等组成的 30Q 平帘结构。由于传动部件采用滚针滑轮，操作手感良好，布帘移动平稳，两幅布帘中间重叠覆盖约 30cm。

3.4.3.1　适合场所及应用实例

30Q 直窗轨适用于中厚型布帘、剧场幕帘等场合。30Q 直窗轨应用实例见图 3-83。

图 3-83　30Q 直窗轨应用实例

3.4.3.2　系统介绍

30Q 直窗轨可以制成绳拉式和手拉式两种。

(1) 30Q 绳拉轨

30Q 绳拉轨结构见图 3-84。

(2) 30Q 手拉轨

30Q 手拉轨结构见图 3-85。

3.4.3.3　机构承载力选用参数表

机构承载力选用参数见表 3-28。

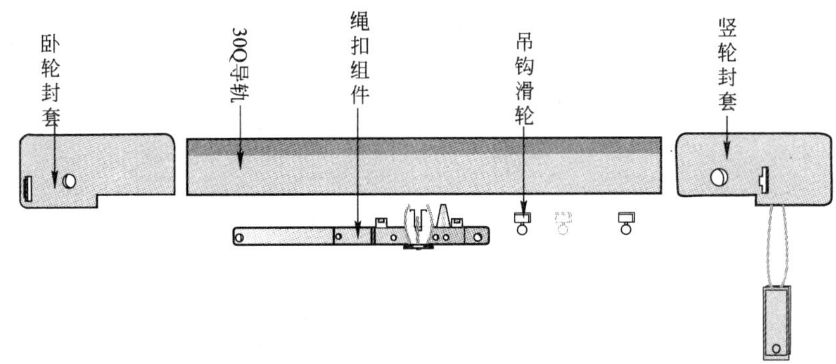

图 3-84 30Q 绳拉轨结构图

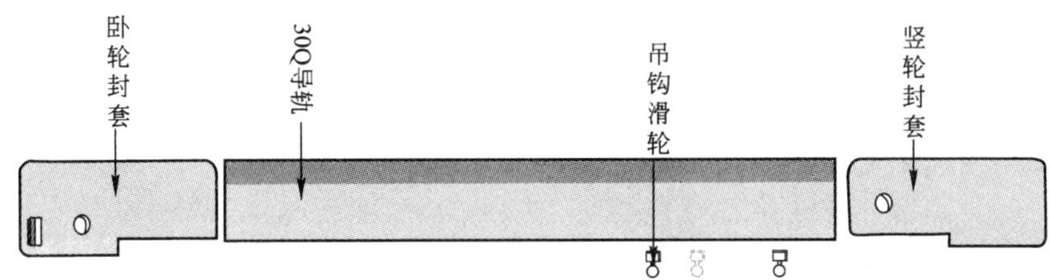

图 3-85 30Q 手拉轨结构图

机构承载力选用参数 **表 3-28**

	最大宽度(m)	最大高度(m)	机构最大承载力(kg)
30Q 绳拉	12	5	50
30Q 手拉	12	5	50

30Q 绳拉轨组成配件见表 3-29。

30Q 绳拉轨组成配件 **表 3-29**

序号	配件名称	数 量	备 注
1	绳扣组件	单开 1 套，双开 2 套	
2	卧轮封套	1 套	
3	竖轮封套	1 套	
4	固定件	2 套	
5	吊钩滑轮	8 个/m	
6	导轨	长度	
7	编织绳	2 倍高度	
8	轨道接头	轨道拼接时使用	选配
9	弹性绳锤	1 个	选配
10	侧装角尺	2 个/m	选配

注：30Q 铝合金型材轨道有喷塑和氧化两种类表面处理方式。

30Q 手拉轨组成配件见表 3-30。

30Q 手拉轨组成配件 **表 3-30**

序号	配件名称	数量	备注
1	固定件	2 个	
2	吊钩滑轮	8 个/m	
3	导轨	长度	
4	轨道接头	轨道拼接时使用	选配
5	拨棒	单开 1 根，双开 2 根	选配
6	安装卡口	2 个/m	1 只/60cm
7	侧装角尺	2 个/m	选配

注：30Q 铝合金型材轨道有喷塑和氧化两种类表面处理方式。

3.4.3.4 安装图

30Q 布帘安装图见图 3-86。

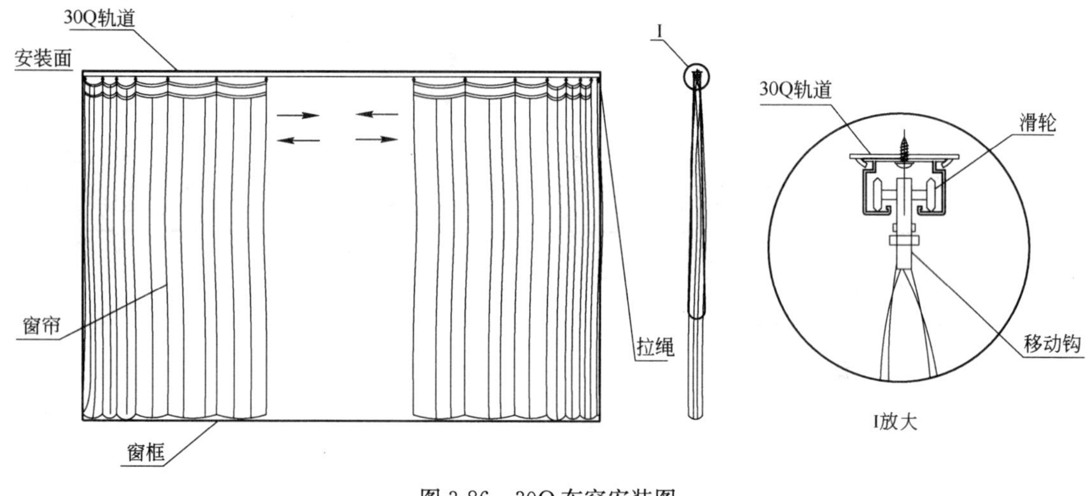

图 3-86 30Q 布帘安装图

3.4.4 电动窗轨

电动窗轨采用交流同步电动机作为动力，带齿履带轮安装于传动箱内，通过电动机一端的 NW 形式行星变速机构将动力传给履带。履带被藏于特殊构造的 32-D 型铝轨中，履带是一种由高强度低伸长聚合材料制成的，在整个使用寿命中一直处于弹性形变状态中：电机的另一端上控制盒通过一组 NGW 形式的行星齿，直接传送给两组带差位轮结构的 NW 形式行星变速系统，同时控制两个微动开关的接触与断开，从而控制电机的转动与停止。

3.4.4.1 适合场所及应用实例

电动窗轨适用于大型布帘。由于帘宽、帘高、帘远，一般绳拉、手拉不方便操作，承载力也不够，所以，大型布帘就需要使用电动窗轨。电动窗轨应用实例见图 3-87。

图 3-87 电动窗轨应用实例

3.4.4.2 系统介绍

系统使用交流同步电机和 D32 电动轨。电动轨组成结构见图 3-88。交流同步电机和电动轨的连接与普通卡口灯泡的连接类似，将电机卡口插进电动轨一插二紧三加锁即可连接。

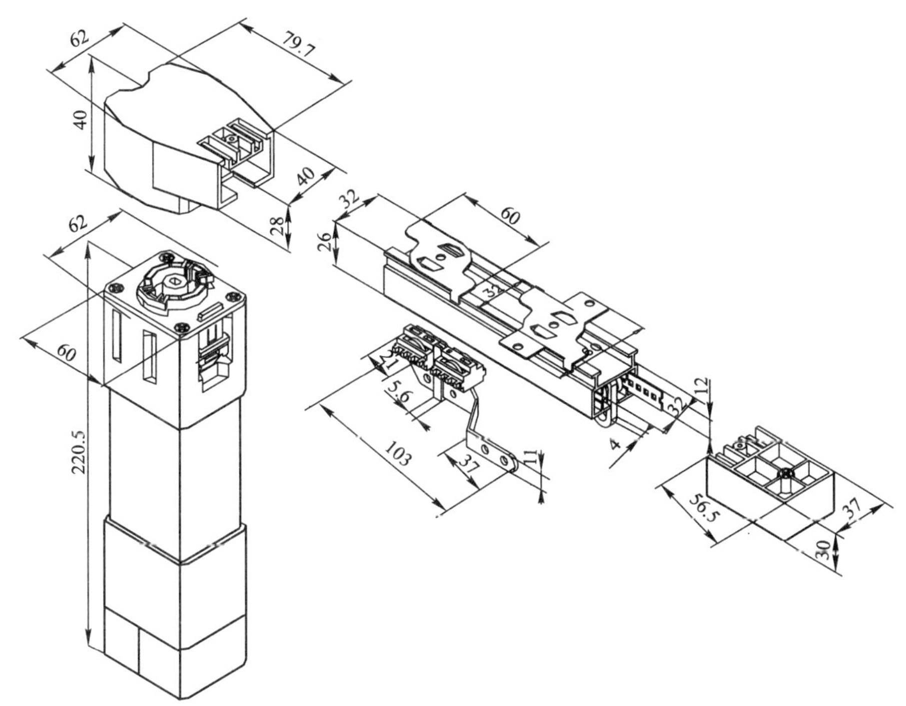

图 3-88 电动轨组成结构图

3.4.4.3 机构承载力选用参数表

根据电机功率、帘布重量、铝轨形状和长度之间关系的图表，可以选择电机。机构承载力选用参数见表 3-31。

机构最大承受重量 90kg。

D32 电动轨机构组成配件见表 3-32。

机构承载力选用参数　　表 3-31

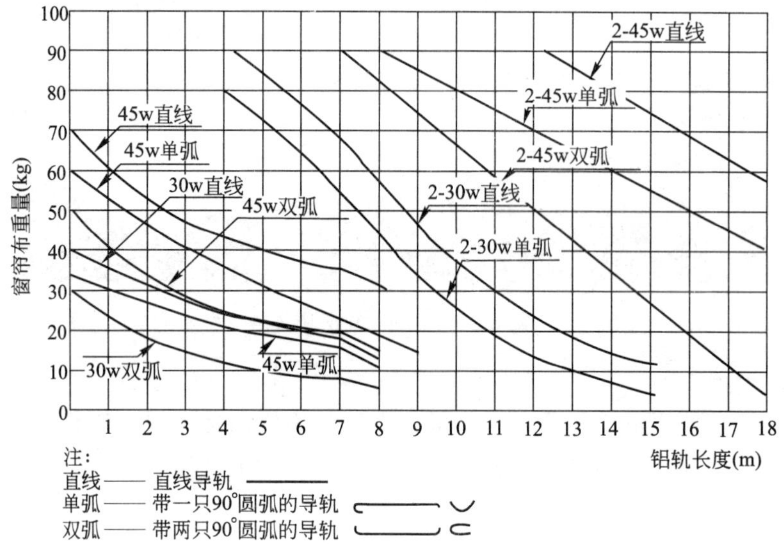

机构组成配件　　表 3-32

序号	配件名称	数　量	备　注
1	传动箱	1个	
2	电动轨	长度	
3	菱形安装架	1个/0.7m	
4	履带	2倍长度	
5	连接组件	单开1套，双开2套	
6	滑轮	8个/m	
7	传动尾箱	1个	单开时选用
8	固定件	2套	
9	电机	单开1个，双开2个	
10	侧装角尺	1个/0.7m	选配
11	手动开关	1个	

3.4.4.4 手动电动两用轨

在电动窗轨上加装特殊装置，就可以电动手拉两用了。这样电动窗轨就不会因手拉而损坏了，由于宾馆的宾客对是电动布帘还是手动布帘并不了解，或尽管有提示但还是会随手便拉，一般电动布帘是不能拉的，因而特别适合宾馆使用。手动电动两用轨结构图见图 3-89。

3.4.4.5 安装图

电动布帘安装图见图 3-90。

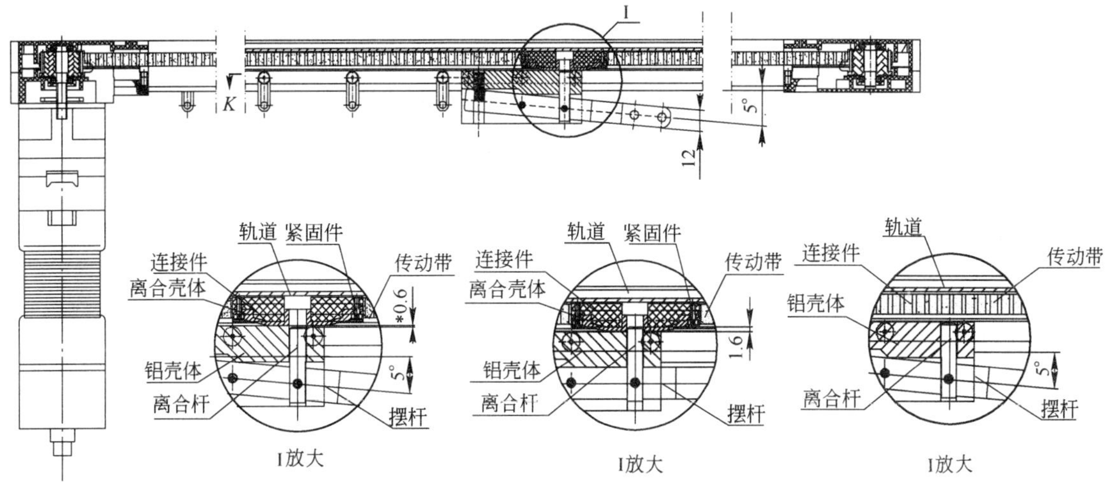

图 3-89 手动电动两用轨结构图

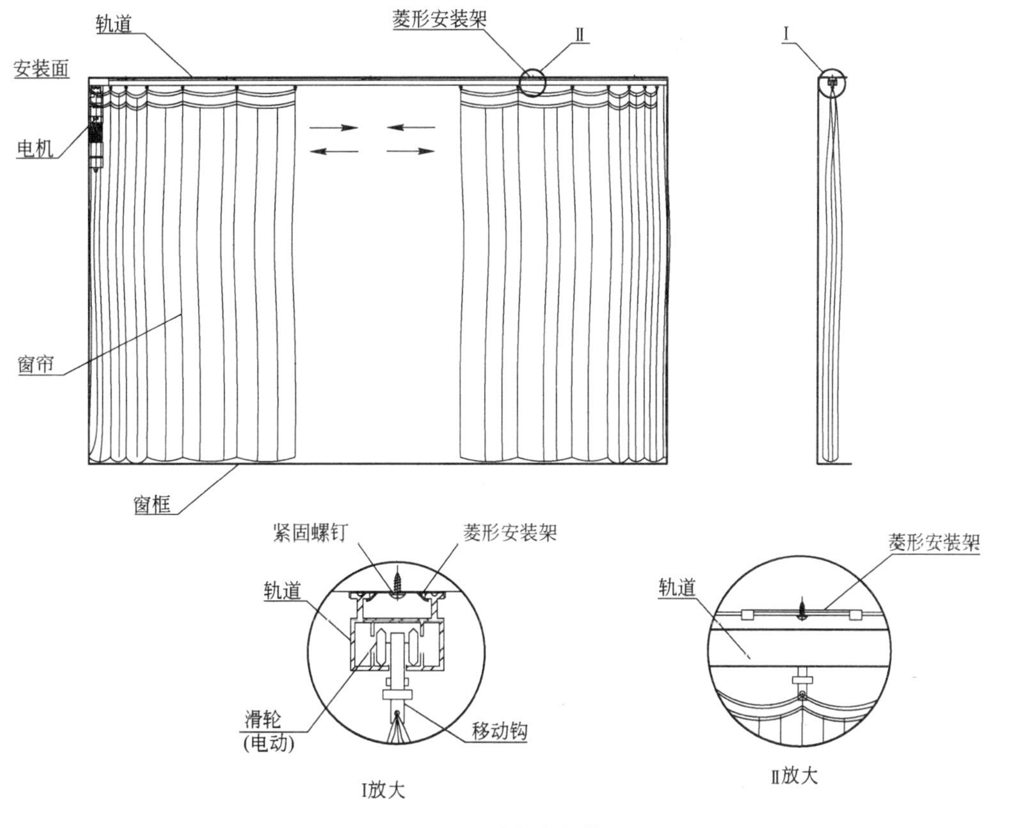

图 3-90 电动布帘安装图

3.5 垂直帘

垂直切割光线的帘称垂直帘。

垂直帘的操作方式分手动式和电动式。

3.5.1 手动垂直帘

3.5.1.1 适合场所及应用实例

垂直帘适宜于办公室遮光，也可作为隔断，把办公室划分为不同的工作区域。垂直帘经受不起风吹。风一吹能将整齐的帘片吹散搅和在一起，既不美观，遮光也不良。更适宜于在有空调的办公室中使用。垂直帘应用实例见图 3-91。

(*a*)

(*b*)

图 3-91 垂直帘应用实例

3.5.1.2 系统介绍

手动垂直帘的铝轨有直线式和圆弧式，帘片伸展收合采用珠链和行星变速机构，帘片转向轻便，伸展收合采用直径为 2.5mm 的圆形编织绳控制。帘片一般宽度为 100mm，帘片间距为 85mm，吊钩齿轮采用先进的薄形结构，减少叠厚，增加开窗宽 20%，连接吊钩齿轮的连接片采用低摩擦系数的聚甲醛工程塑料。圆弧传动方式将铝轨弯成圆弧形，其他部分和直线传动方式的相同。

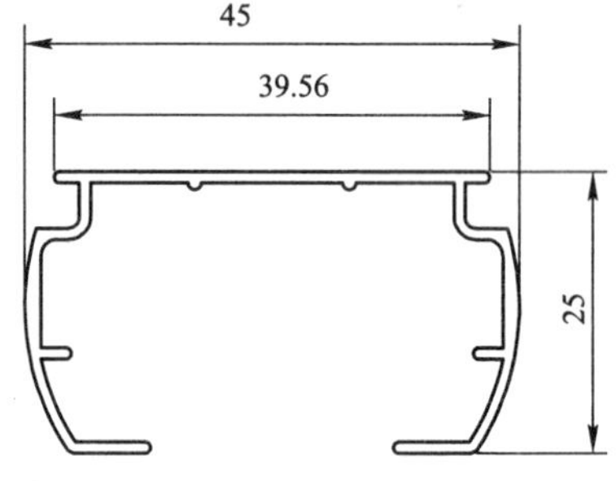

图 3-92 手动垂直帘轨道截面图

3.5.1.3 安装结构及要求

手动垂直帘直接将手动垂直帘轨道用螺丝固定于窗框上。手动垂直帘轨道截面见图 3-92。

3.5.2 电动垂直帘

电动垂直帘由垂直帘专用交流同步电机与垂帘电动轨道组装而成。借助电机动力即可使帘片左右运动，实现垂帘的收放，也可使帘片旋转。对尺寸较大的垂帘特别适用，无需长时间的拉绳操作。由于采用电机驱动，也可使用无线电或远红外线遥控。垂直帘铝轨配置电机后宽度加大，要求窗帘箱比一般垂帘放大 10cm 左右。

3.5.2.1 适合场所及应用实例

电动垂直帘适用于大办公室遮光、隔断。电动垂直帘应用实例见图 3-93。

(a)

(b)

图 3-93 电动垂直帘应用实例

3.5.2.2 系统介绍

电动垂直帘的机构和水平翻转的百叶帘类似，但垂直帘有更大的翻转角度，同时更加有粗线条的视觉效果，比较适合在办公场所使用。百叶式结构，页片可 180°旋转，通过电机机械传动方式来实现窗帘的调光及收合。既能随意调节室内光线，亦可通风透气，又能达到遮阳目的。电动垂直帘机构图见图 3-94。

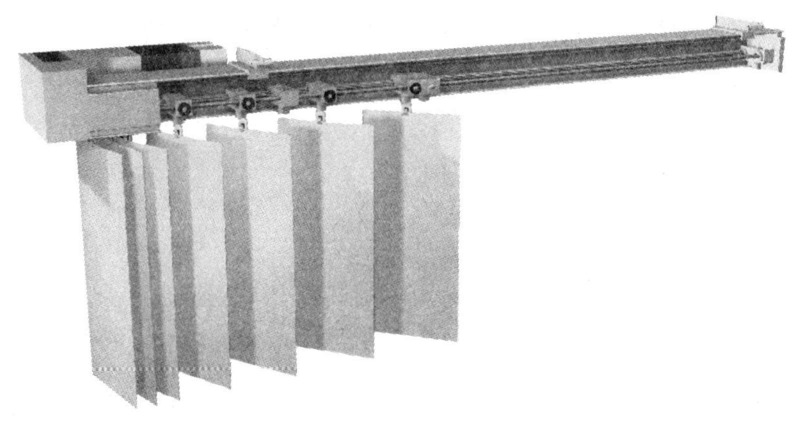

图 3-94 电动垂直帘机构图

电动垂直帘的特点：噪声小，运行平稳，轨道尺寸小，方便隐藏，操作简单、方便。

电动垂直帘系统由电机、面料、传动系统、配件、控制系统等组成。

3.5.2.3 安装图

电动垂直帘直接将电动垂直帘轨道用螺丝固定于窗框上。电动垂直帘轨道截面见图 3-95，电动垂直帘结构及安装见图 3-96。

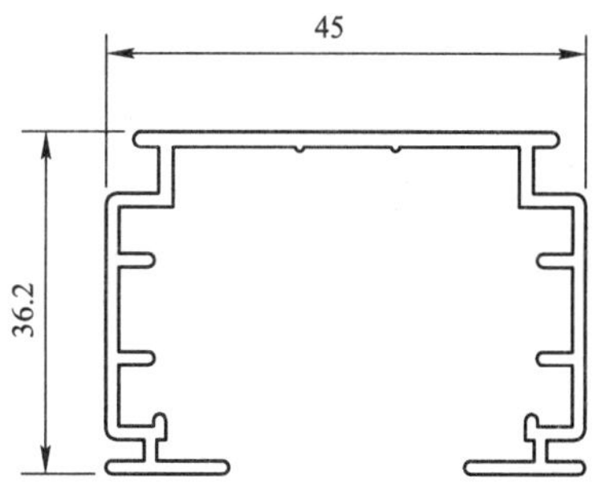

图 3-95 电动垂直帘轨道截面图

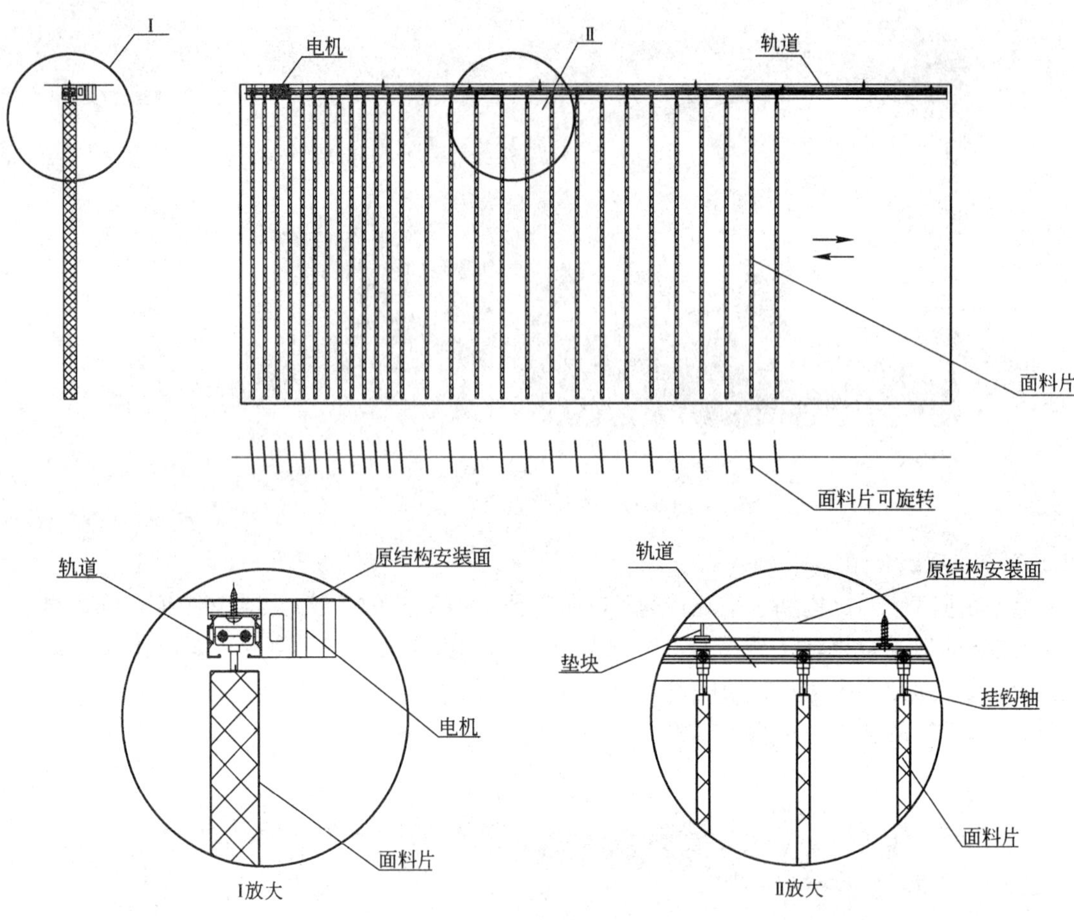

图 3-96　电动垂直帘结构与安装图

3.6 艺　术　帘

3.6.1　罗马帘

罗马升降轨机构是制作波浪帘、罗马帘、扇形帘、折叠帘等艺术帘所使用的一种窗帘机构。该机构利用 20Q 铝轨作为基础，在铝轨一端设有一套拉珠式传动箱，内含弹簧超越离合器，从而有效地实现单向传动控制。铝轨中间设置多个鼓轮卷绳器，通过一根四角传动棒联成同步传动方式，四角传动棒的一端直接与传动箱连接。

使用罗马升降轨最大宽度 2.5m，最大高度 3.5m，机构最大承受重量 7kg。必要时可采用一拖二形式，尺寸小时可一拖多。当升降轨用于转角处时，可用万向接头连接升降轨。

3.6.1.1　结构图

手动升降轨罗马帘结构图见图 3-97。

3.6.1.2　适合场所及应用实例

波浪帘、罗马帘、扇形帘、折叠帘可以变换出多种形态，运用于宾馆、饭店等活泼场合，构筑艺术氛围。罗马帘应用实例见图 3-98。

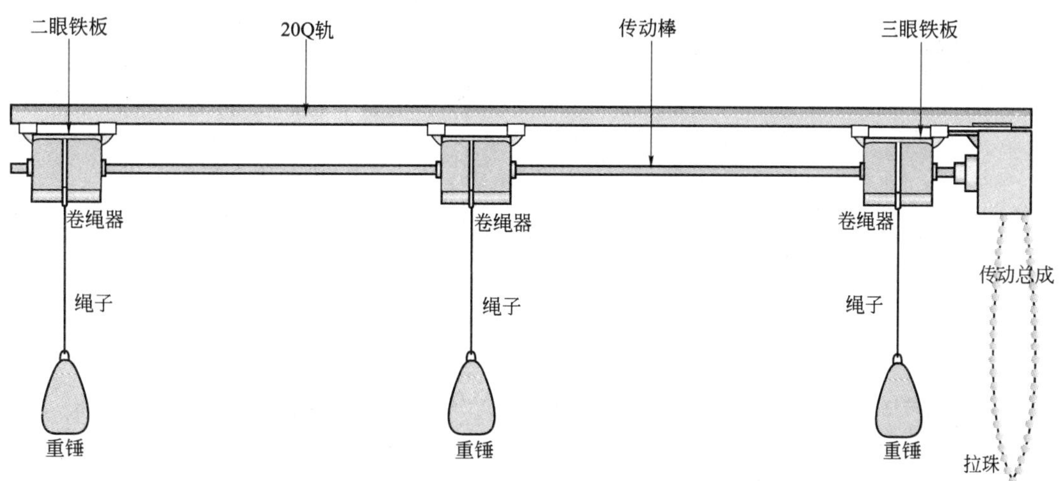

图 3-97 手动升降轨罗马帘结构图

图 3-98 罗马帘应用实例

3.6.1.3 组成配件

单幅机构时罗马帘组成配件见表 3-33。

罗马帘组成配件 表 3-33

	序号	配件名称	数量	备注
基本件	1	罗马控制盒总成	1	
	2	罗马卷绳器	1 个/0.45m	
	3	三眼铁板	1	
	4	二眼铁板	1 个/0.45m+1	
	5	G107 重锤	1 个/0.45m+1	
	6	四角传动棒	与宽度等长	
	7	铝导轨(20)	与宽度等长	

续表

	序号	配件名称	数量	备注
基本件	8	蜡线	卷绳器数量×1(根)	
	9	20Q 安装卡口	1个/0.6m	
	10	挡圈	1个	
	11	锦纶拉珠	帘高的2倍	
选配件	12	罗马万向节接头		选用
	13	罗马绳平衡器		选用

3.6.1.4 40 罗马帘电动升降轨

电动升降轨机构用管状电机作动力代替了手动方式。电机的精心制作保证了操作的安全性。先进的控制系统使产品实现了智能化、自动化，并使产品升降范围大增(在其允许范围内任意设置)且能达到精确的定位要求。由于电机的扭矩提高从而使产品突破了手动罗马帘的局限，使产品的使用面积大大增加。40 罗马帘电动升降轨结构图见图 3-99。

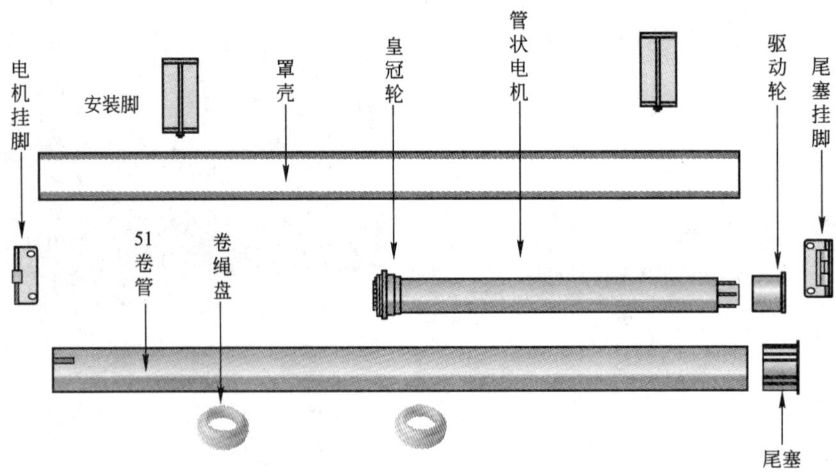

图 3-99 40 罗马帘电动升降轨结构图

40 罗马帘电动升降轨使用的最大宽度是 2.5m，最大高度是 6m，机构最大承受重量 15kg。

电动升降轨工作原理是：当铝合金管内的电机转动时，卷绳器同步转动而卷绳器上的拉绳将底部面料徐徐拉起或放下。卷绳器所卷的绳打不同距离的结，可以构成不同的效果。40 罗马帘组成配件见表 3-34。

40 罗马帘组成配件 **表 3-34**

序号	配件名称	数量	备注
1	LS40 电机	1套	含尾塞、皇冠、驱动、尾塞轮
2	安装脚	1套	
3	罩壳	与宽度等长	
4	46 卷绳筒	2个	个/60cm

续表

序号	配件名称	数量	备注
5	46 平衡器	个	宽度大于 3m 时选用
6	46 万向节	个	弧形时选用
7	ϕ46 卷管	与宽度等长	专用
8	电机挂脚	1 套	
9	尾塞挂脚	1 个	

3.6.1.5 55 罗马帘电动升降轨

当承载面积较大时，选用大扭矩的管状马达，附件的尺寸也相应变大，即为 55 罗马帘电动升降轨。55 罗马帘电动升降轨结构图见图 3-100。

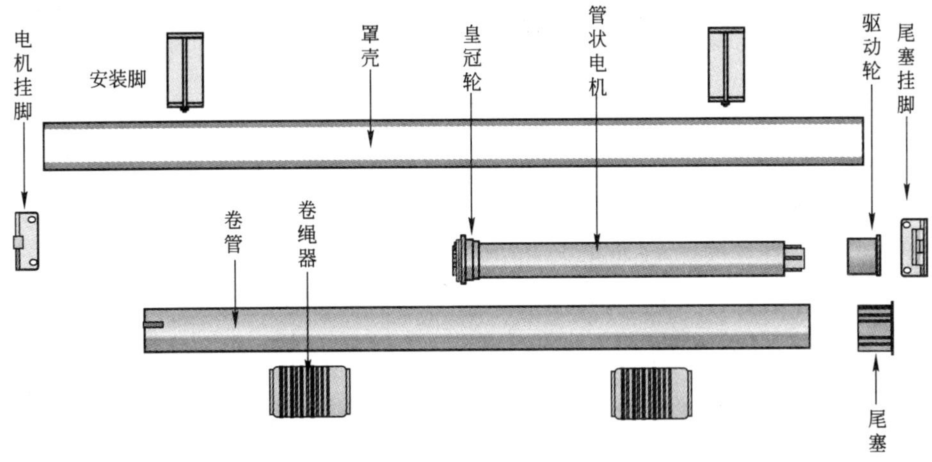

图 3-100 55 罗马帘电动升降轨结构图

55 罗马帘电动升降轨使用的最大宽度是 2.5m，最大高度是 8m，机构最大承受重量是 40kg。55 罗马帘组成配件见表 3-35。

55 罗马帘组成配件 **表 3-35**

序号	配件名称	数量	备注
1	LT50 电机	1 套	含驱动、尾塞轮
2	安装脚	2	
3	罩壳	与宽度等长	
4	分控器	1 个	
5	LT50 电机安装脚	1 套	
6	卷绳盘	2 个	绳长 3m，5m，8m
7	平衡器		宽度大于 2.5m 时选用
8	万向节		弧形时选用
9	卷管	与宽度等长	

3.6.1.6 25 罗马帘直流电机升降轨

当小面积使用时，选用小型的 25mm 直流电机，附件的尺寸也相应缩小，即为 25 罗马帘直流电机升降轨。25 罗马帘直流电机升降轨结构见图 3-101。

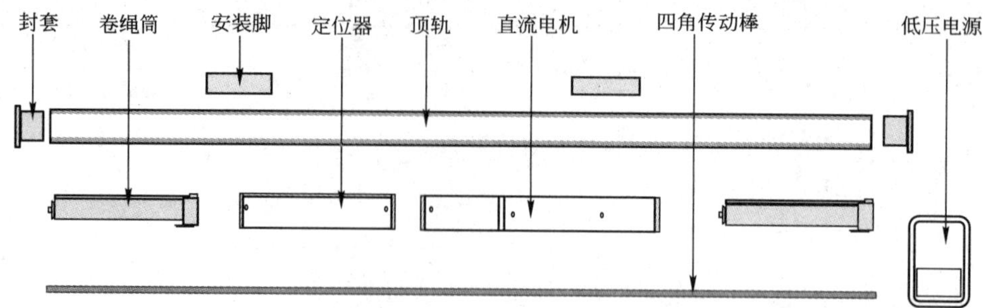

图 3-101　25 罗马帘直流电机升降轨结构图

25 罗马帘直流电机升降轨使用的最大宽度是 2m，最大高度是 3.5m，机构最大承受重量 4kg。最大面积在 $4m^2$。LW 直流电机罗马帘组成配件见表 3-36。

LW 直流电机罗马帘组成配件　　**表 3-36**

序号	配件名称	数　量	备　注
1	封套	2	
2	安装脚	2 个	1 个/60cm
3	卷绳筒	2 个	1 个/60cm
4	顶轨	与宽度等长	
5	定位器	1 个	
6	LW 直流电机	1 个	
7	六角传动棒	与宽度等长	
8	低压电源或变压器	1 个	

3.6.1.7　罗马帘安装结构图

电动罗马帘 55 卷管卷绳器结构与安装图见图 3-102。

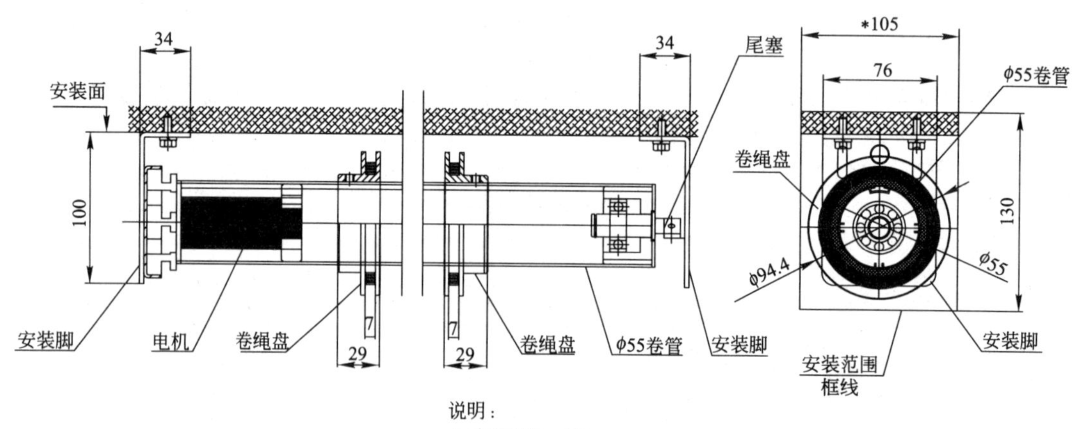

说明：

1. 本机构为一拖一。
2. “*105” 为最小安装宽度尺寸,实际应大于此尺寸。

图 3-102　电动罗马帘 55 卷管卷绳器结构与安装图

3.6.2 风琴帘

运用特殊的涤纶纸制成单孔、双孔类的蜂房式面料的布帘称风琴帘，亦称蜂房帘。适用于办公室、会议室、书房等，构筑高档精致的艺术氛围。

3.6.2.1 结构图

风琴帘结构图见图 3-103。风琴帘应用实例见图 3-104。

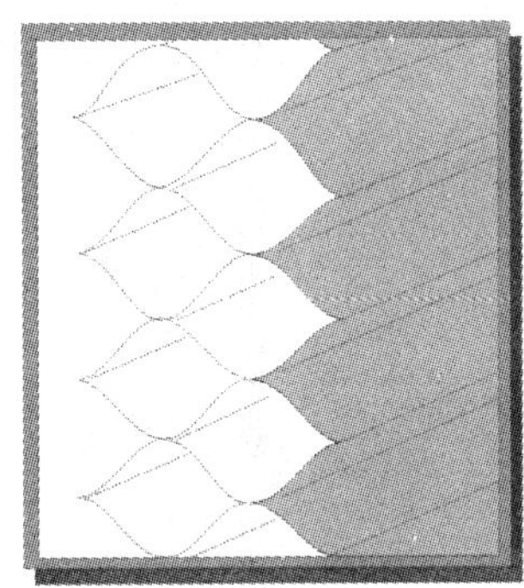

图 3-103 风琴帘结构图

(a)

(b)

图 3-104 风琴帘应用实例

3.6.2.2 系统介绍

风琴帘通常采用强力钢支架提供简单且安全的安装。当帘片收合时呈现一体感，锁绳机构确保帘片停在需要的任意位置，风琴帘中的蜂窝结构空气层能保证最大的能量效率和光线的柔和性。面料具有较好的强度和稳定性。面料的两面可为异色，双色涂料适应帘片的可弯曲性，保持外部全为白色，外部白色反射阳光强辐射十分有效。其传动方式可分为手动和电动两种。

风琴帘操作系统可采用罗马帘操作系统。

3.6.2.3 安装图

手动风琴帘结构与安装图见图 3-105。电动风琴帘结构与安装图见图 3-106。

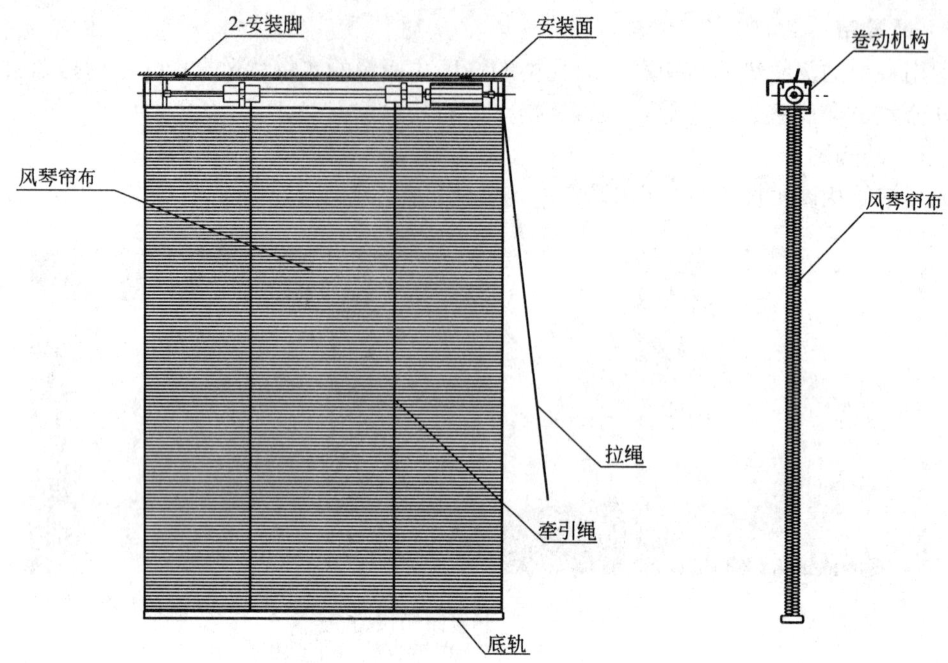

图 3-105　手动风琴帘结构与安装图

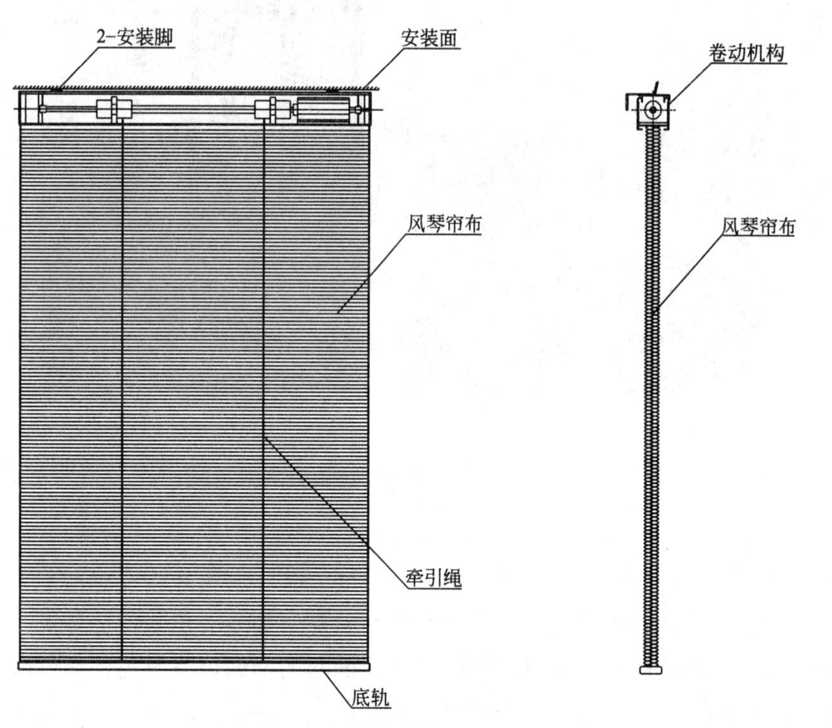

图 3-106　电动风琴帘结构与安装图

3.6.3　香格里拉帘

运用双层中粘夹厚实涤纶布作面料制作的帘，特称香格里拉帘。具有百叶的特色，伸展时是透明的纱，闭合时透光较好，有高档、庄重、高雅的艺术感。

3.6.3.1 结构图

香格里拉帘结构图见图 3-107。

(*a*)

(*b*)

图 3-107 香格里拉帘结构图

3.6.3.2 适合场所及应用实例

香格里拉帘适用于安静、淡雅的休息场所。香格里拉帘应用实例见图 3-108。

(*a*)

(*b*)

图 3-108 香格里拉帘应用实例

3.6.3.3 系统介绍

香格里拉帘质地独特、外形美观。在两层轻柔的织物中连接水平面料可使室内保持柔和的光线。

翻动叶片可调节光线的强度。窗帘拉起可完全隐藏在窗帘盒中，独特质地的面料可在长时间内保持色彩始终如一。遮光性强，结构简易的轨道和支架在安装时更为方便，而且便于清洗。香格里拉帘的传动方式可分为手动和电动两种，手动香格里拉帘的结构同拉珠卷帘，电动香格里拉帘的结构同电动卷帘。

3.6.3.4 安装图

直径 55 电动香格里拉卷帘结构与安装图见图 3-109。

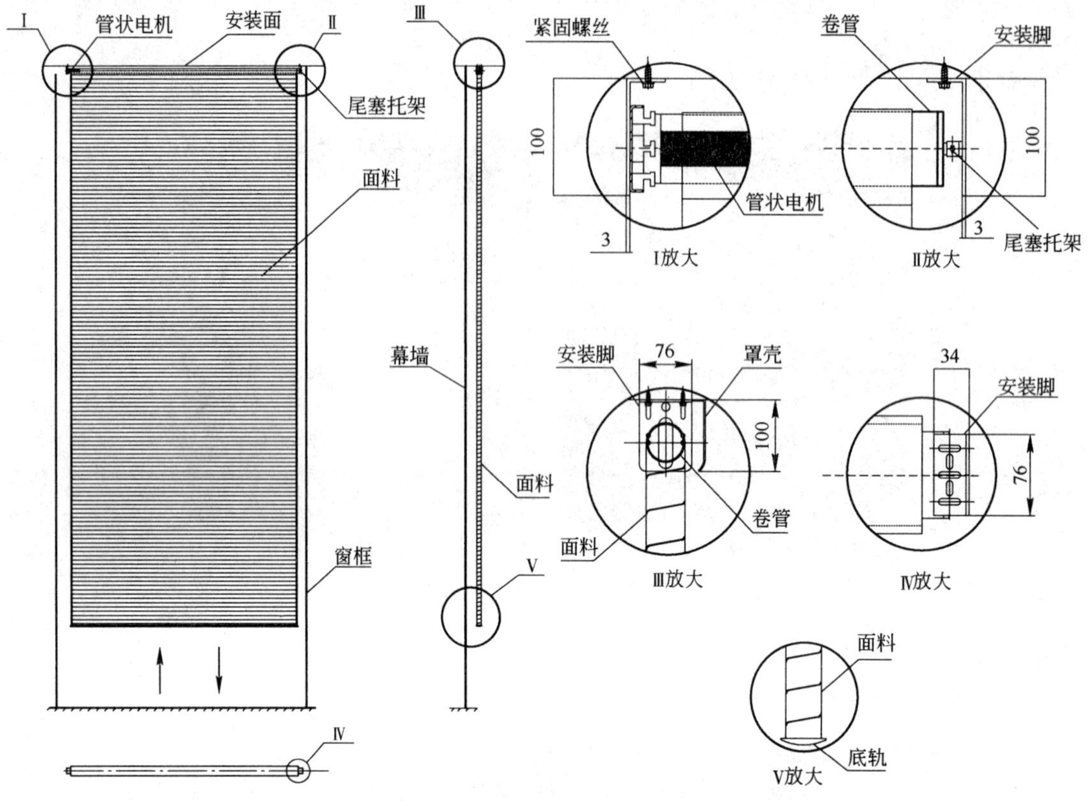

图 3-109　直径 55 电动香格里拉卷帘结构与安装图

4 室外遮阳系统

室外遮阳系统简称外遮阳，是安设在建筑物室外侧的遮阳装置。出于安全的考虑，《建筑遮阳通用技术条例》、《建筑遮阳工程技术标准》对主要部件的材质、抗风性能、耐久性都有明确规定。

外遮阳使用的材料主要为铝合金型材和织物面料，铝合金型材的表面处理应符合表 4-1 的规定。

铝材表面处理要求 **表 4-1**

要求	阳极氧化膜等级	电泳涂漆等级	粉末喷涂厚度	氟碳漆喷塑厚度
等级/厚度	AA15	B 级	40～120μm	≥30μm

织物面料应符合表 4-2 的规定。

织 物 面 料 要 求 **表 4-2**

要求	断裂强力	尺寸稳定性	耐光色牢度	耐气候色牢度
	经向>80daN 纬向>50daN	经向范围［－3%，＋1%］ 纬向范围［－1%，＋1%］	4 级以上	4 级以上

遮阳金属百叶帘的提绳、转向绳的断裂强力和断裂伸长率应符合表 4-3 的规定。

提绳、转向绳的断裂强力和伸长率 **表 4-3**

种　　类	断裂强力(N)	伸长率(%)
提绳(提节)	≥600	—
转向绳(梯绳/梯节)	≥350	≤2.5

室外百叶帘在额定风压负载作用下应能正常使用，不产生持久变形或损坏，不产生安全危险，不从导轨中脱出。

百叶帘按额定测试风压 P 和安全测试风压 1.5P 确定抗风压等级，抗风压等级分为 1～6级，百叶帘抗风压性能等级见表 4-4。百叶帘抗风压等级由供需双方协商确定。但外遮阳百叶帘抗风压性能至少应达到 2 级。

百叶帘抗风压性能等级 **表 4-4**

等　　级	1	2	3	4	5	6
额定测试压力(P，N/m^2)	50	70	100	170	270	400
安全测试压力(1.5P，N/m^2)	75	100	150	250	400	600

外遮阳的耐久性等级按耐久性循环次数确定，外遮阳耐久性等级应符合表 4-5 的规定。

外遮阳耐久性等级　　表 4-5

循环次数	一级	二级	三级
伸展/收合(次)	3000	7000	10000
倾　斜	6000	14000	20000

4.1 室外百叶帘(EES)

室外百叶帘又称 EES，是室外节能系统的意思。

4.1.1 行业标准编号

除室外特殊要求外，应符合《建筑用遮阳金属百叶帘》(JG/T 251—2009)的规定。

4.1.2 命名标记

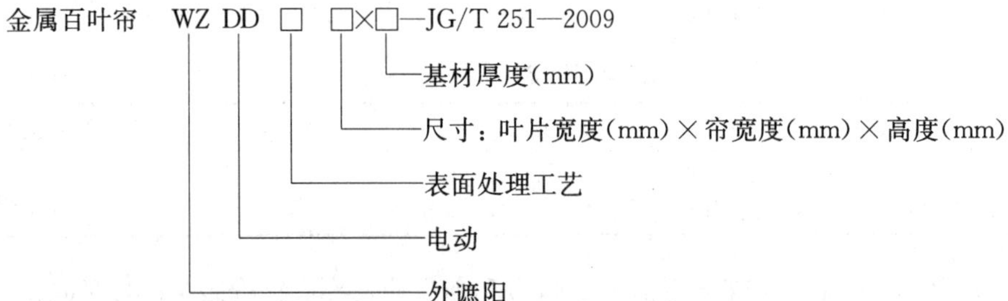

标记为金属百叶帘 WZ DD GT-80×1200×1500×0.4—JG/T 251—2009 表示基材厚度 0.4mm、帘规格 80mm×1200mm×1500mm、叶片表面辊涂的外遮阳电动式金属遮阳百叶帘。

4.1.3 电动室外百叶帘

4.1.3.1 结构图

电动室外百叶帘结构图见图 4-1。

4.1.3.2 适合场所及应用实例

80mm 室外铝合金百叶帘系统使用高强度材质铝合金，叶片厚度比室内叶片厚，具有高负荷性能，适合厂房、医院、学校、商业公共建筑等室外使用。具有非常优越的耐候性和抗风能力。遮阳系数可以在 0.14～1 之间调节，产品安装于室外时约能阻隔 92％的热量，叶片能达到完满的光线控制，单幅室外百叶帘的最大宽度可达 3.6m，最大高度 5m，最大面积 18m^2。如设计宽度还要增大时，可选用多幅 EES 产品或增加扭矩电机拖动幅面。由于 80mm 铝合金百叶帘系统材质厚实、结构牢固，往往选用于室外。同时单幅面积较大，驱动一般使用电机，虽有手动系统但应用较少。室外百叶帘应用实例见图 4-2。

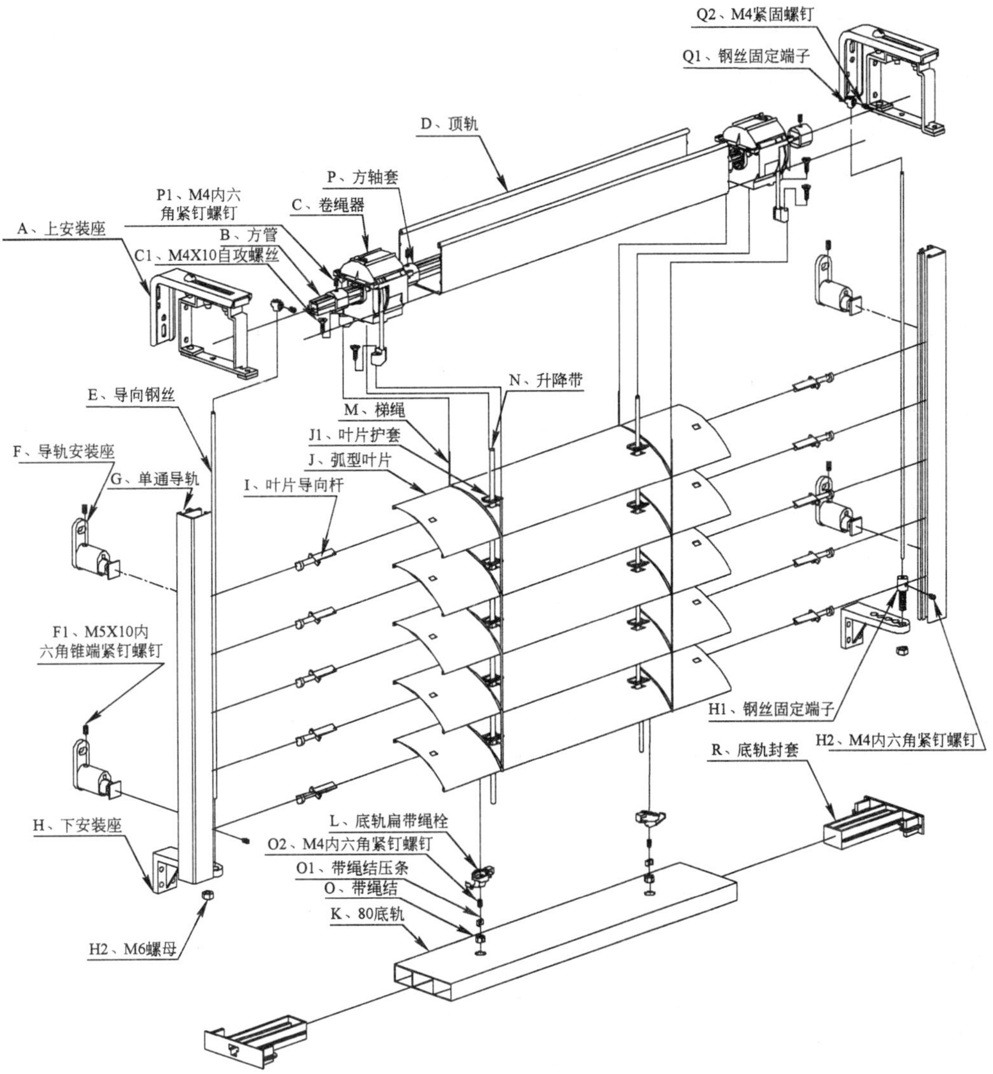

Q2、M4紧固螺钉
Q1、钢丝固定端子
D、顶轨
P、方轴套
P1、M4内六角紧钉螺钉
C、卷绳器
A、上安装座
B、方管
C1、M4X10自攻螺丝
N、升降带
E、导向钢丝
M、梯绳
J1、叶片护套
F、导轨安装座
J、弧型叶片
G、单通导轨
I、叶片导向杆
F1、M5X10内六角锥端紧钉螺钉
H1、钢丝固定端子
H2、M4内六角紧钉螺钉
R、底轨封套
H、下安装座
L、底轨扁带绳栓
O2、M4内六角紧钉螺钉
O1、带绳结压条
O、带绳结
K、80底轨
H2、M6螺母

图 4-1 电动室外百叶帘结构图

图 4-2 室外百叶帘应用实例

4.1.3.3 系统介绍

电动室外百叶帘顶部有一套由电机、传动棒、卷绳器等组成的传动机构。电机转动时，通过两端的方轴套带动方轴转动，方轴插在卷绳器中，提绳(升降带)通过顶轨上的卷绳孔直接与卷绳器连接，梯绳则通过联绳器在顶轨下方与卷绳器连接，在卷绳器内部构件转到特定位置时梯绳运动，通过梯绳实现百叶叶片的翻转，实现百叶帘的开启和闭合；通过提绳的运动带动叶片的上升与下降，实现百叶帘的伸展和收合，从而达到遮阳效果。

电动室外百叶帘达到同类产品中最佳的阳光屏蔽率 0.14，当产品安装在室外时，可阻隔 92％的热量，使室内保持较低的温度，改善工作环境。通过调节叶片达到完美的光线控制，保护窗户免受恶劣天气的影响，抗风和抗恶劣天气的性能特别适合所有面积较大的窗户。选用高质量的原材料，精密的加工和表面处理能够保证产品经久耐用，可选择不同颜色的铝合金叶片达到吸引人的立面效果。马达控制可以和光控/风控传感系统相结合。

(1) 室外百叶帘铝合金叶片按形状可分为 3 种：L 形卷边叶片，C 形平边叶片，C 形卷边叶片。其中每种叶片又分打孔、不打孔两类。L 形卷边叶片见图 4-3，C 形平边叶片见图 4-4，C 形卷边叶片见图 4-5。

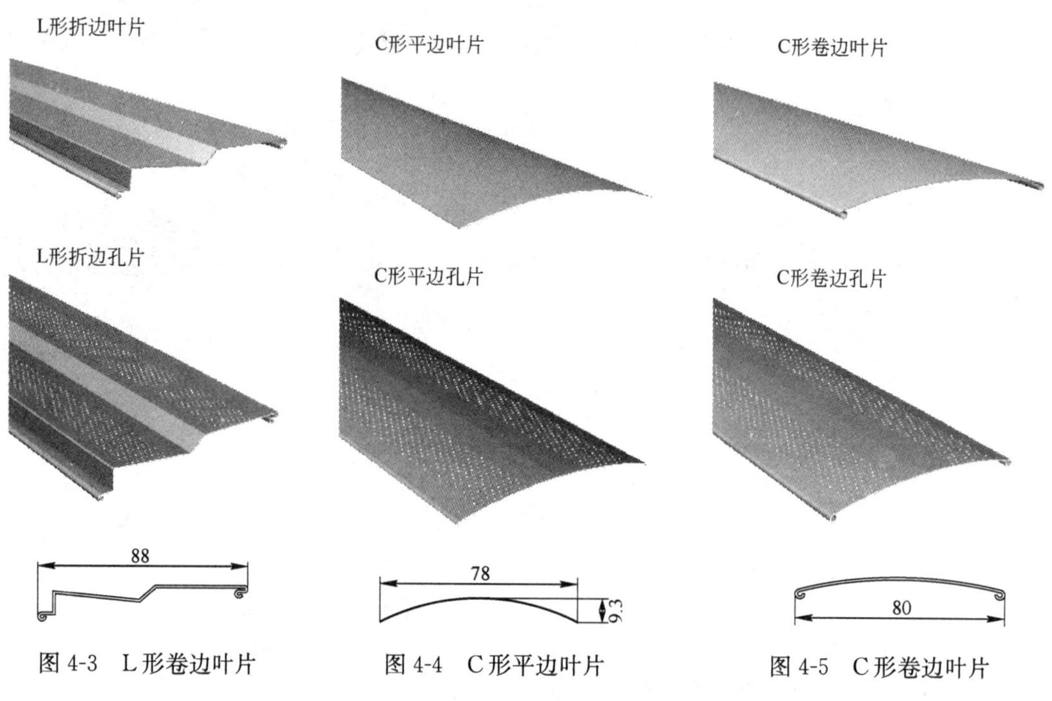

图 4-3 L 形卷边叶片　　图 4-4 C 形平边叶片　　图 4-5 C 形卷边叶片

1) C 形平边叶片

叶片成分为铝镁锰硅合金材料，耐腐蚀性强，不易变形。表面采用珐琅烤漆处理，颜色亮丽，漆面牢固经久如新。孔片采用 2×2 交叉排列打孔，孔径为 1.2mm，可增加叶片的通透性，视觉效果好。

2) C 形卷边叶片

叶片材质与 C 形平边叶片相同，卷边设计大大增加了叶片的抗拉强度及抗弯性能。能够抵挡较强的外力冲击，不会受恶劣天气影响。可实现 0°～180°的任意角度翻转。叶片之间的重叠部分有很好的遮光效果。

3）L 形卷边叶片

叶片材质与 C 形平边叶片相同，独特的 L 形折边设计，每片叶片的相互叠加，不仅在外观上具有立体感，而且可达到最理想的遮光效果，叶片单侧增加了减振条，起到增加百叶帘的作用，同时也可降低叶片运行时的噪声。开孔叶片结构尺寸见图 4-6。

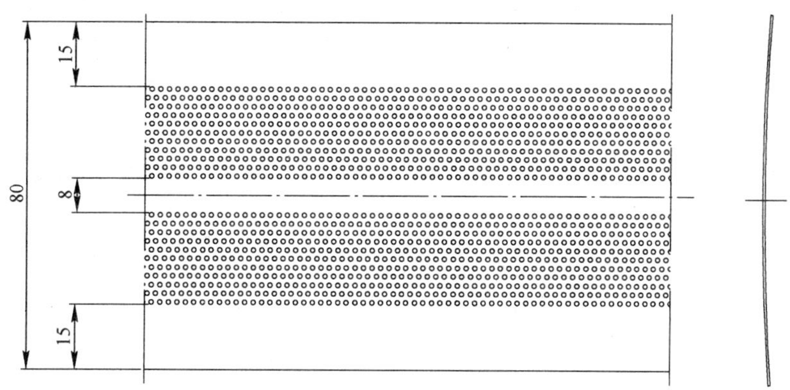

图 4-6　开孔叶片结构尺寸

一般孔片开孔率为 10.7%(开孔率＝开孔部分孔的面积/开孔部分面积×100%)。

室外百叶帘叶片厚度为 0.43～0.45mm。烤漆前的表面预处理应通过连续的工艺过程获得洁净的铝片表面。铝片表面覆盖了一层很薄的 E-CLPS 2100 涂层，可改善膜漆在铝合金表面的附着力且防止腐蚀。油漆是高质量的聚酯漆，不含铅。表面处理使用的原料不含铬。铝合金叶片选用特殊铝镁合金材料，并用独特的工艺对铝合金卷材进行加工以保障原材料质量的稳定。通过铝合金的表面化学处理和采用高质量的油漆进行珐琅烤漆，达到产品预期的颜色，真实且亮丽。因此在产品使用过程中，铝合金叶片不变形，漆面牢固，常年如新。

(2) 叶片伸展及收合高度尺寸：C 形平边百叶帘伸展及收合高度见表 4-6，C 形卷边百叶帘伸展及收合高度见表 4-7，L 形卷边百叶帘伸展及收合高度见表 4-8。

C 形平边百叶帘伸展及收合高度　　表 4-6

叶片数	百叶帘完全伸展高度(mm)(C 形平边)	百叶帘完全收合高度(mm)(C 形平片)
13	1000	140
20	1500	170
34	2500	220
41	3000	250
55	4000	310

C 形卷边百叶帘伸展及收合高度　　表 4-7

叶片数	百叶帘完全伸展高度(mm)(C 形卷边)	百叶帘完全收合高度(mm)(C 形卷片)
13	1000	150
20	1500	180
34	2500	230
41	3000	260
55	4000	320

L形卷边百叶帘伸展及收合高度 **表 4-8**

叶片数	百叶帘完全伸展高度(mm)(L形卷边)	百叶帘完全收合高度(mm)(L形卷片)
13	1000	170
20	1500	200
34	2500	250
41	3000	300
55	4000	350

(3) 百叶帘底轨具有封住叶片底部的作用，也具有一定重量使叶片顺畅靠重力放下。

(4) 百叶帘系统配件见表 4-9。

百叶帘系统配件 **表 4-9**

	80mm铝片，压弧带卷边，烤漆前厚度(0.40mm)
	80mm铝片保护片，聚丙烯
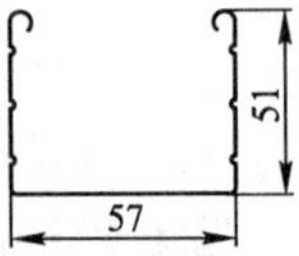 51 57	顶轨，钢镀锌，珐琅烤漆，尺寸 57mm×51mm(户外专用)
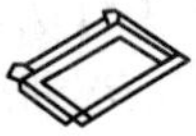	铝片提绳孔塑料保护片，聚乙烯
	铝片侧轨导向滑动片，聚酰胺
	顶轨端盖，聚乙烯
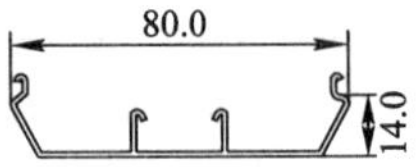 80.0 14.0	底轨Ⅰ型，阳极氧化铝
	底轨Ⅱ型，阳极氧化铝
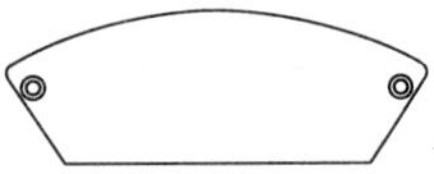	底轨封套Ⅰ型
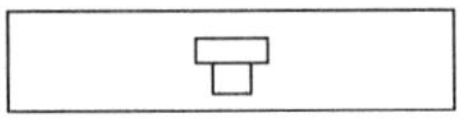	底轨封套Ⅱ型

续表

	底轨端盖，聚酰胺
	底轨侧轨滑动片，聚甲醛
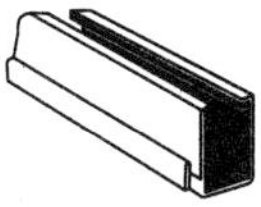	侧轨，阳极氧化铝
	侧轨静音塑料条，聚乙烯
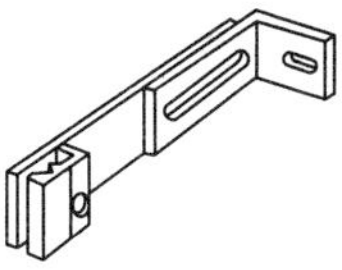	侧轨安装码，铝
	户外专用提升绳，特殊聚酯纤维 尺寸：6mm×0.28mm 抗拉强度：大于750N 绳边耐磨性：大于100000次上下升降 涂层：特殊涂层防止提绳老化脆裂
	梯绳固定扣，聚酰胺
	提绳固定扣，钢镀锌
	户外专用梯绳，特殊聚酯纤维 技术参数： 1. 梯绳误差(54格，0.1N拉力)：小于5.0mm 2. 宽度误差：小于1.0mm 3. 伸缩率(预负荷0.1N)拉力100N，瞬间值：小于2.0% 4. (单绳)抗拉强度：大于600N 5. 收缩率(沸水中10min)：小于2%
	梯绳固定夹，镀锌钢
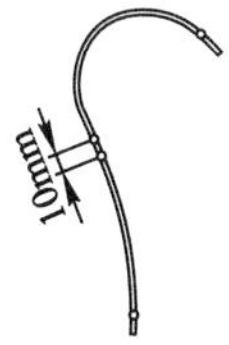 10mm	转向绳，聚酯纤维和塑料

续表

	转向绳/梯绳连接件
	螺丝，钢镀锌
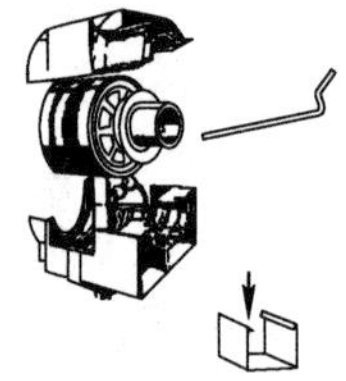	带轴承卷绳器
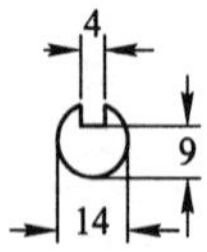	卷绳器中心轴
	卷绳器中心轴水平固定圈，聚甲醛
	顶轨安装码，钢镀锌

(5) 百叶帘主要有两种导向形式：钢丝导向、轨道导向。

钢丝导向形式采用多股不锈钢包塑钢丝，引导叶片上下运行。安装方便，适合安装节点较少的窗户墙体。外表包塑的钢丝只需固定上下两端，穿过叶片上预先冲制的钢丝导向孔，即可引导叶片垂直或沿一定角度方向上下升降，整套机构看上去较为简练，但抗风能力有限。钢丝导向式(80 电动 C 形百叶帘机构)见图 4-7。

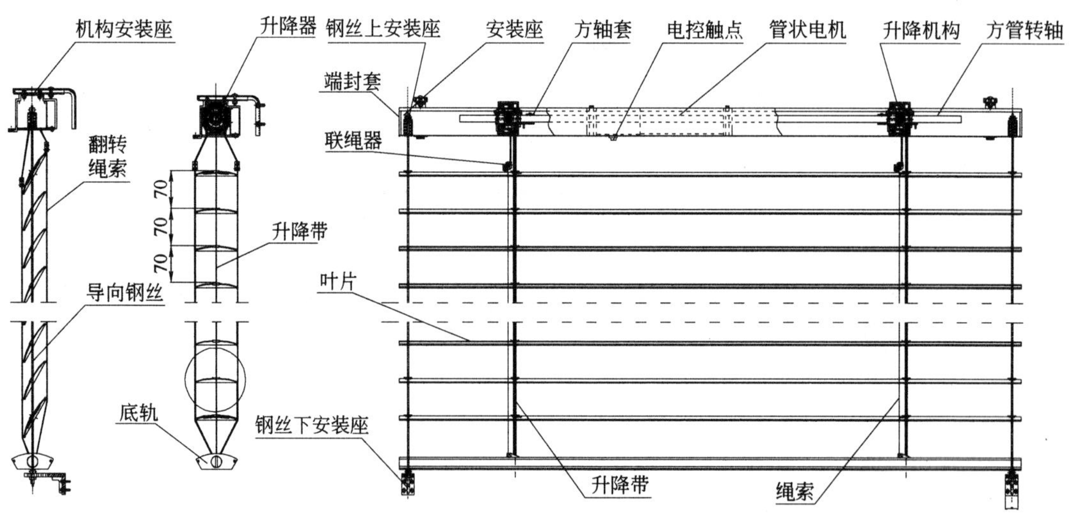

图 4-7　钢丝导向式(80 电动 C 形百叶帘机构)

轨道导向形式采用筒式铝合金轨道，引导叶片上下运行，抗风性能强。轨道内侧嵌入减振条可降低机构运行噪声。轨道表面可采用多种喷涂处理方式。适合安装在各种建筑幕墙门窗表面。轨道导向式(80 电动 L 形 EES 机构)见图 4-8。

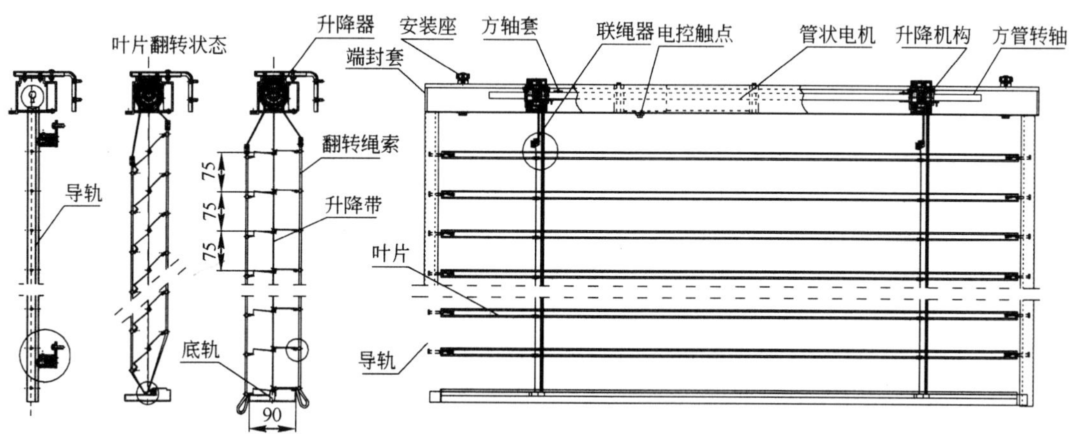

图 4-8 轨道导向式(80 电动 L 形 EES 机构)

与钢丝导向相比，轨道导向抗风能力强，密闭性高，且更美观，也能适应恶劣的环境。轨道导向工作是靠叶片两端的轨道导向杆在轨道里面上下滑动来实现导向的，由于轨道内侧嵌入了减振条，因此机构运行时，噪声降低。但轨道导向需要通过轨道安装座将导轨固定在原结构上，与钢丝导向相比，节点较多，安装要求高。

(6) 百叶帘罩壳有 5 种形式：矩形半罩壳、矩形全罩壳、弧形半罩壳、弧形全罩壳及挡板罩壳。百叶帘罩壳分类见表 4-10。

百叶帘罩壳分类 **表 4-10**

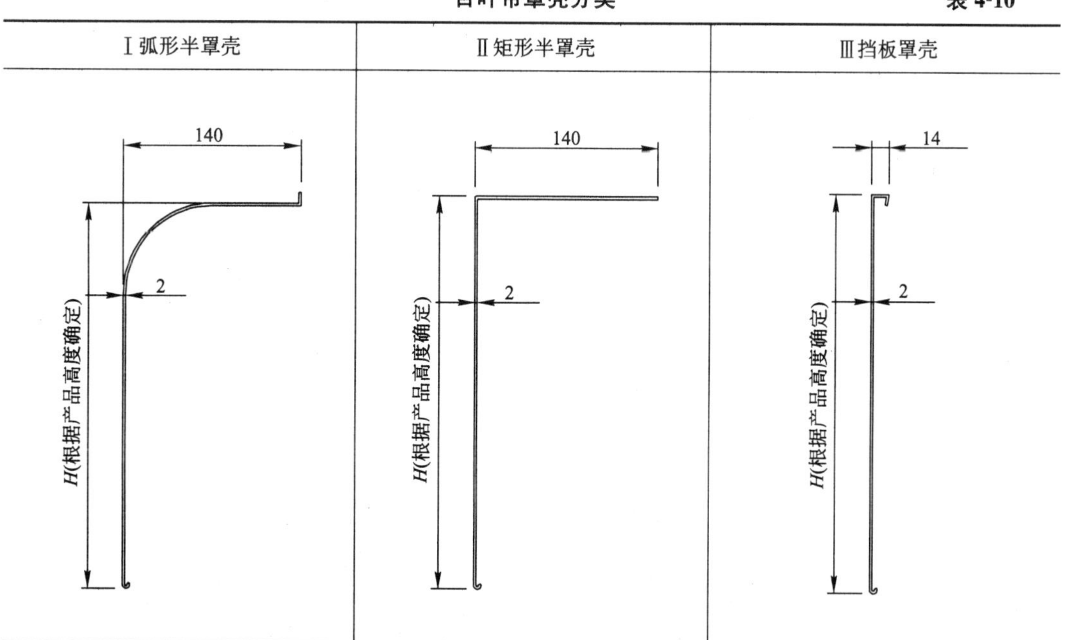

Ⅰ弧形半罩壳	Ⅱ矩形半罩壳	Ⅲ挡板罩壳

续表

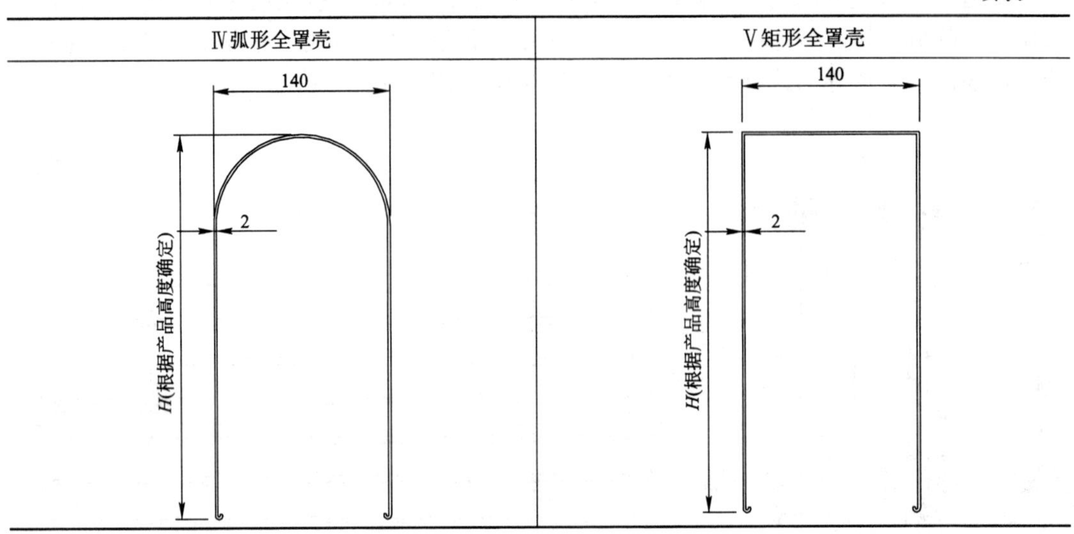

（7）导向轨类型见表 4-11。

导 向 轨 类 型 **表 4-11**

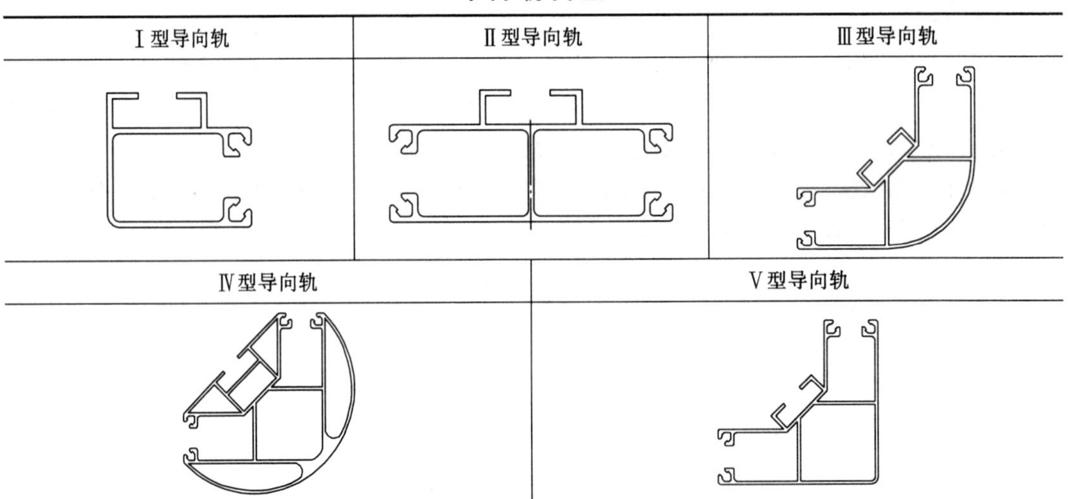

（8）导向连接方式分类见表 4-12。

导向连接方式分类 **表 4-12**

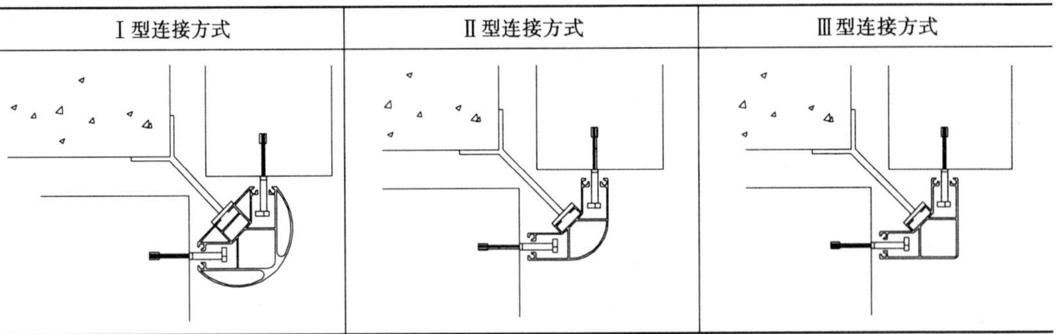

续表

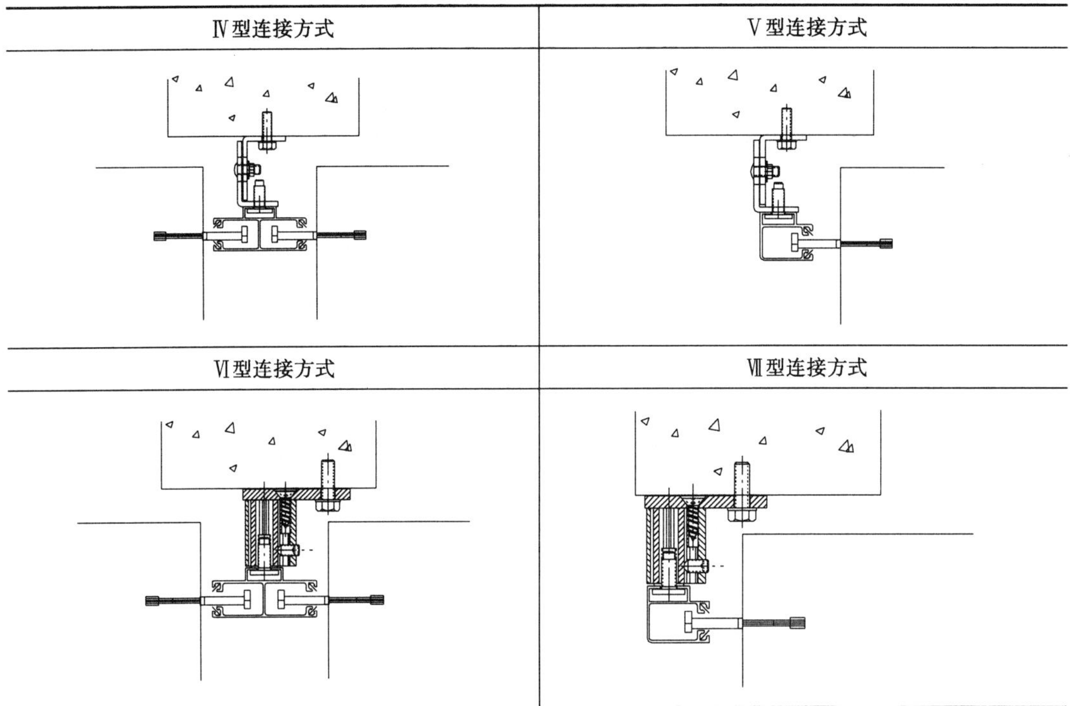

4.1.3.4 百叶帘的安装

百叶帘的安装与使用何种导向、何种罩壳、何种连接，框内还是框外，手动还是电动有关。钢丝导向框内安装见图 4-9，钢丝导向框外安装见图 4-10，80 电动 C 形片弧形半罩壳导索框外安装见图 4-11，80 电动 C 形片无罩壳导索框外安装见图 4-12，80 电动无罩壳导轨框外安装见图 4-13，80 手动 C 形片矩形全罩壳导索框内安装见图 4-14，80 电动 L 形片矩形半罩壳导索框内安装见图 4-15。

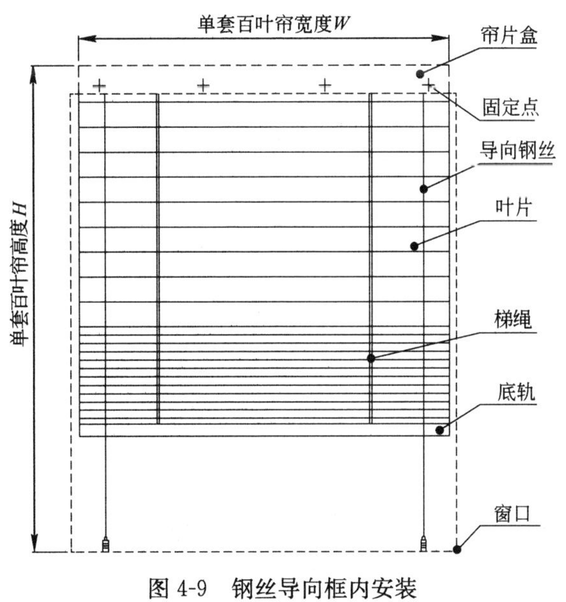

图 4-9 钢丝导向框内安装

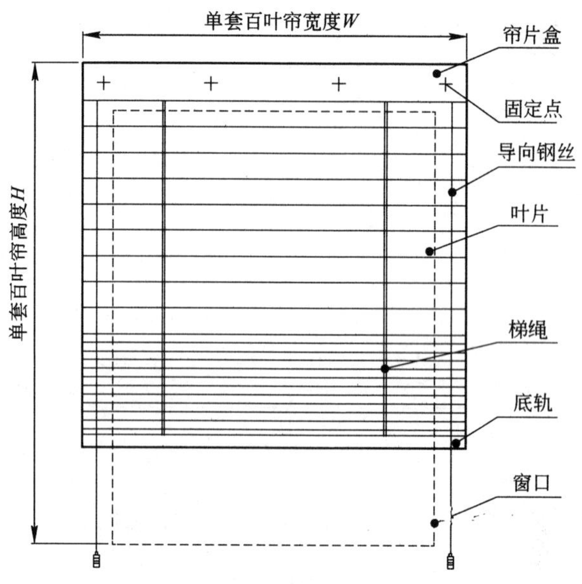

图 4-10　钢丝导向框外安装

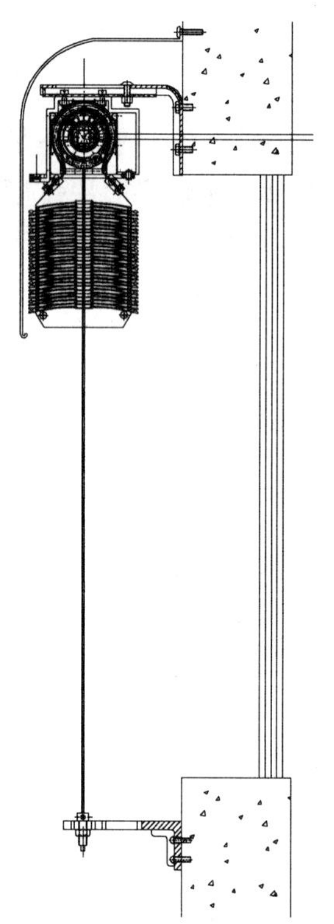

图 4-11　80 电动 C 形片弧形半罩壳导索框外安装

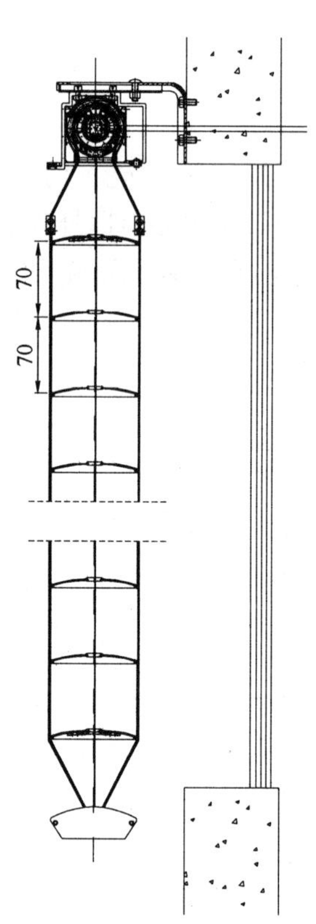

图 4-12　80 电动 C 形片无罩壳导索框外安装

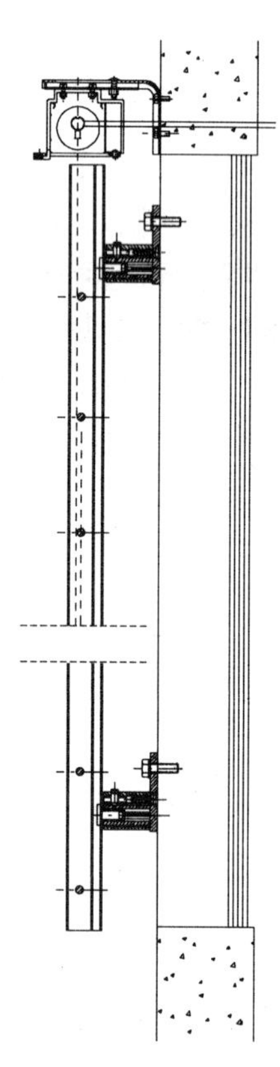

图 4-13　80 电动无罩壳导轨框外安装

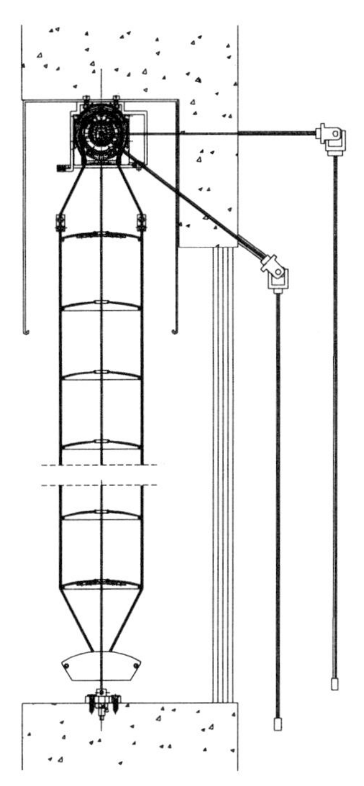

图 4-14 80 手动 C 形片矩形全罩壳导索框内安装

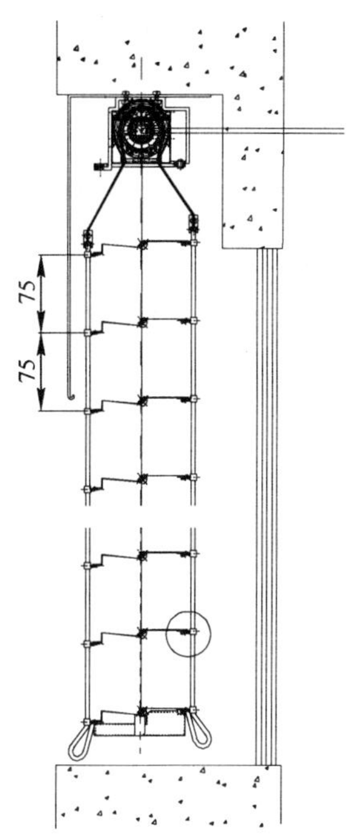

图 4-15 80 电动 L 形片矩形半罩壳导索框内安装

4.2 百 叶 翻 板

4.2.1 命名标记

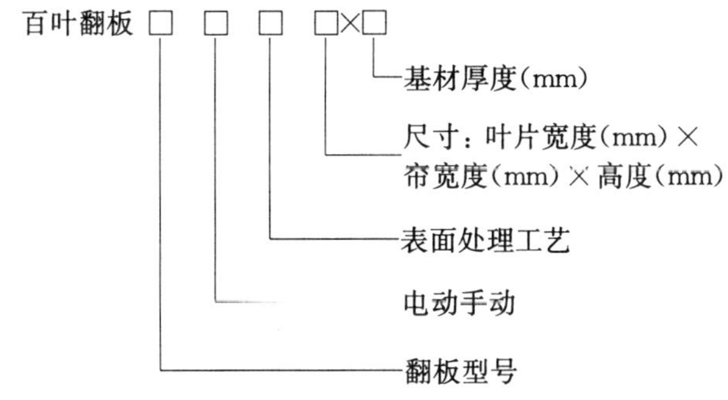

4.2.2 结构图

百叶翻板结构图见图 4-16。百叶翻板的叶片基材厚度、宽度、长度与百叶帘相比有5～10倍的提高，因而带来了新的特点。

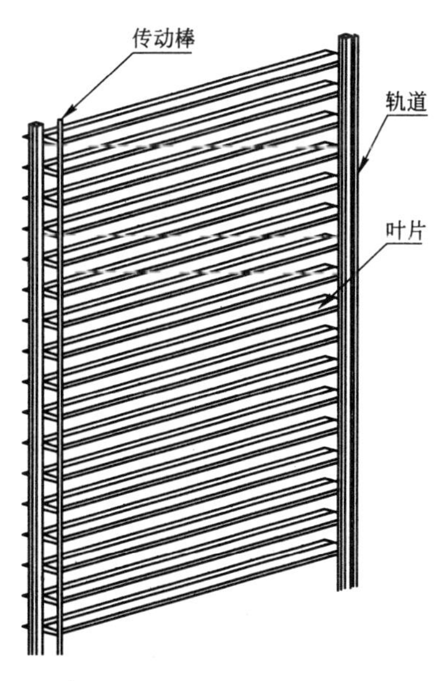

图 4-16 百叶翻板结构图

4.2.3 适合场所及应用实例

百叶翻板有两种形式：水平翻板和垂直翻板，适用于公共建筑、高档住宅楼、大型商场、展览馆、车库等场所的立面和顶面遮阳。百叶翻板是在改变叶片翻转角度的同时达到不同的遮阳效果，调节进光量，有效地改善温室效应；系统装置有一定的防盗作用。百叶翻板应用实例见图 4-17。

(*a*) (*b*)

(*c*) (*d*)

图 4-17 百叶翻板应用实例

4.2.4 系统介绍

手动翻板主要由叶片、框架、传动机构三部分组成；电动翻板主要由叶片、框架、传动及电机控制四部分组成。

百叶翻板的叶片通常为铝合金一体挤压型材，国内大多使用牌号 6063T5 的铝合金，表面处理方式可采用氧化、静电粉末喷涂、木纹转印、氟碳喷涂等。驱动方式有推杆电机、管状电机、手动机构等。控制方式有手动开关、无线遥控、智能感应、楼宇 PC 控制等。

(1) 百叶翻板的叶片可分为三类：小型百叶翻板、中型百叶翻板和组合型百叶翻板。小型百叶翻板参数规格见表 4-13，中型百叶翻板参数规格见表 4-14，组合型百叶翻板参数规格见表 4-15，一般组合型翻板叶片打孔方式见图 4-18，大型组合型翻板叶片打孔方式见图 4-19。

小型百叶翻板参数规格 **表 4-13**

叶片形状		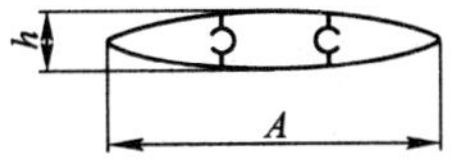	
叶片	型号	QY-XC-01	QY-XC-02
	宽度 A(mm)	50	80
	高度 h(mm)	10	18.5
	叶片材料厚度(mm)	≥1	≥1
	叶片排布标准重叠(mm)	45	70
	建议安装位置	室内外	
	特性	叶片为挤压成型，结构简洁、牢固	
	叶片透光率	约 10%(阳光垂直照射叶片面时)	
封头板	形状		
	材料	增强尼龙 2.5mm	

中型百叶翻板参数规格 **表 4-14**

叶片形状		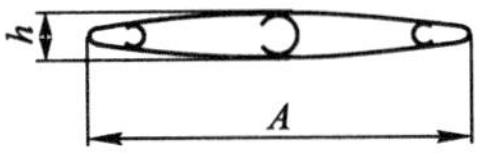		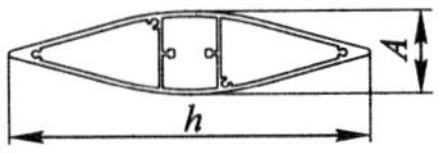		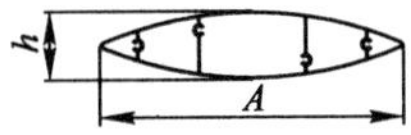		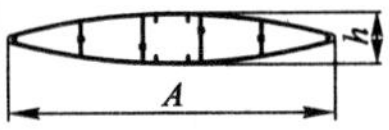
叶片	型号	QY-XC-03	QY-XC-05	QY-XC-02	QY-XC-04	QY-XC-06	QY-XC-07	QY-XC-08
	宽度 A (mm)	120	180	165	200	225	300	450
	高度 h (mm)	15	25	38	34	50	50	70
	叶片材料厚度(mm)	≥1.2	≥1.5	≥2.3	≥2.5	≥2	≥2	≥2.5
	叶片排布标准重叠(mm)	105	165	160	185	205	280	430
	建议安装位置	室外						
	特性	叶片为挤压成型，结构简洁、牢固						
	叶片透光率	约 10%(阳光垂直照射叶片面时)						
封头板	形状	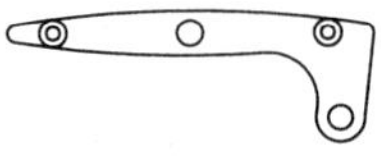		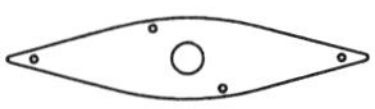		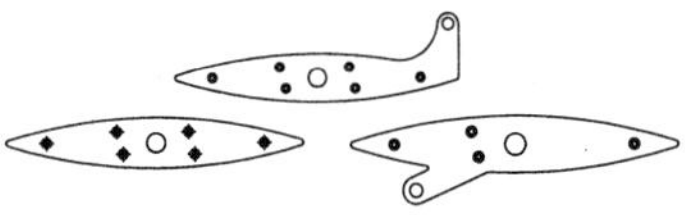		
	材料	铝合金 3mm						

组合型百叶翻板参数规格 表 4-15

	叶片形状					
叶片	型号	QY-ZH-300	QY-ZH-600	QY-ZH-900	QY-ZH-1200	QY-ZH-1500
	宽度 A（mm）	300	600	900	1200	1500
	高度 h（mm）	50	75	90	96	105
	叶片材料厚度（mm）	2	2	2	2	2
	叶片排布标准重叠	280	570	870	1150	1450
	建议安装位置	室外				
	特性	叶片由骨架与铝板结合而成，结构轻盈，表面铝型材加工方法多样。叶片铝板可用多种孔径穿孔修饰				
	叶片透光率	约 20%～35%，根据孔直径及数量（阳光垂直照射叶片面时）				
封头板	形状					
	材料	铝合金 3mm				

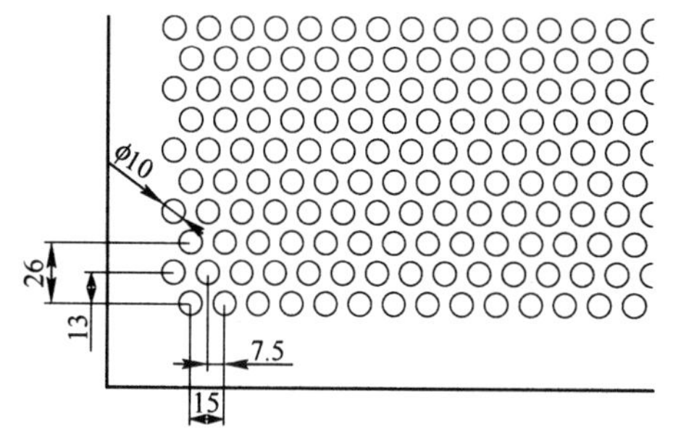

图 4-18 一般组合型翻板叶片打孔方式

图 4-19 大型组合型翻板叶片打孔方式

（2）驱动方式有推杆电机、管状电机和手动机构等三种类型。推杆电机外置驱动见图 4-20，推杆电机隐藏式驱动见图 4-21，管状电机横置驱动见图 4-22，管状电机竖置驱动见图 4-23，管状电机内置式驱动见图 4-24，管状电机隐藏式涡轮驱动见图 4-25，手摇杆方式驱动见图 4-26，手磐方式驱动见图 4-27。

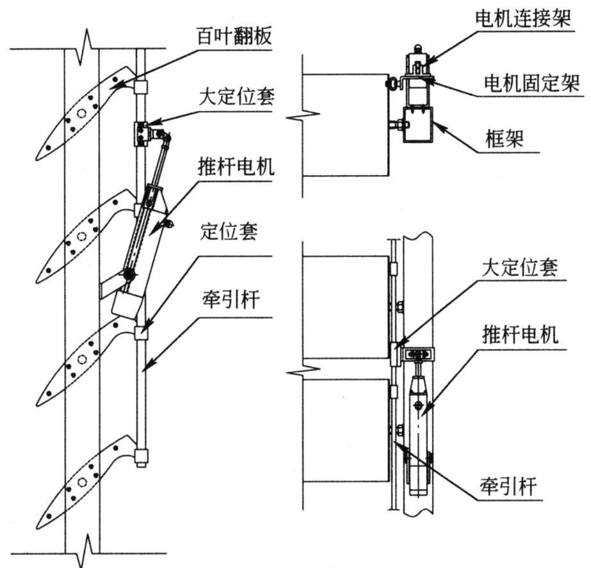

图 4-20 推杆电机外置驱动

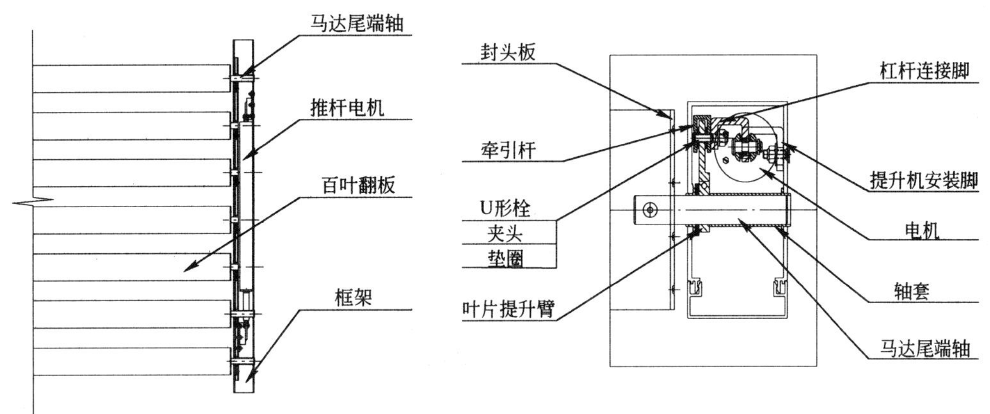

图 4-21 推杆电机隐藏式驱动

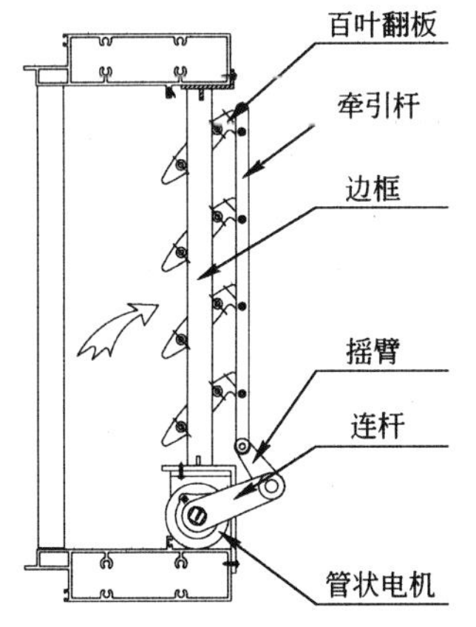

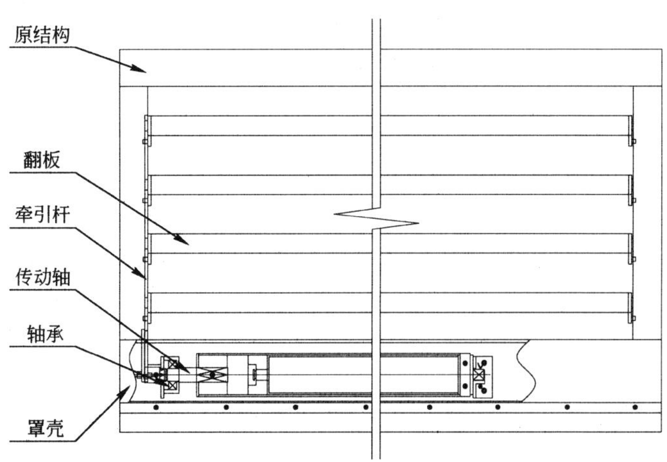

图 4-22 管状电机横置驱动

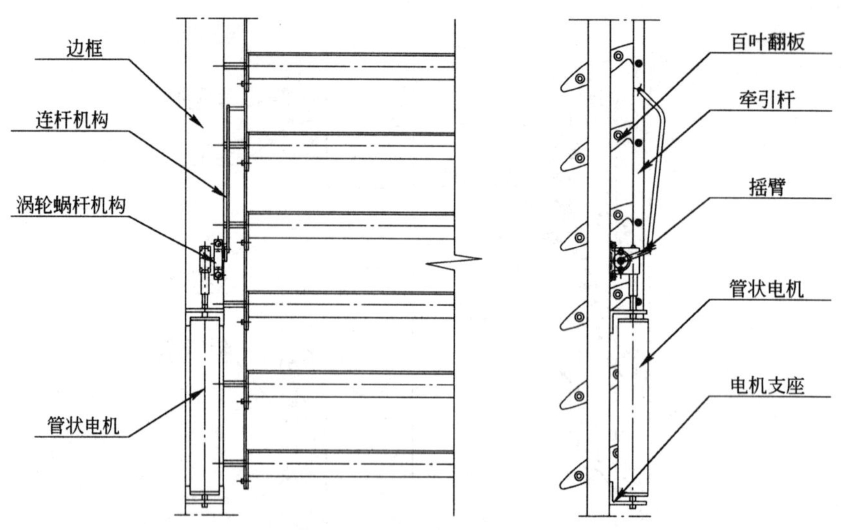

图 4-23　管状电机竖置驱动

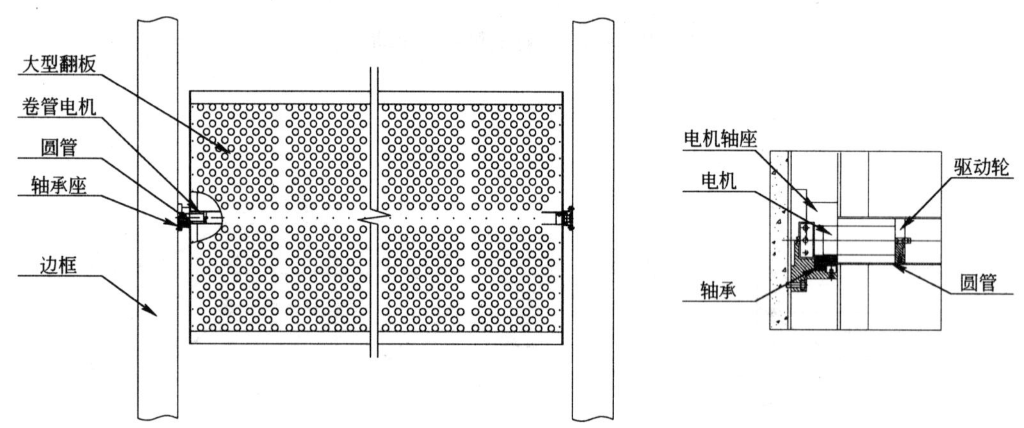

图 4-24　管状电机内置式驱动(适用于大型翻板)

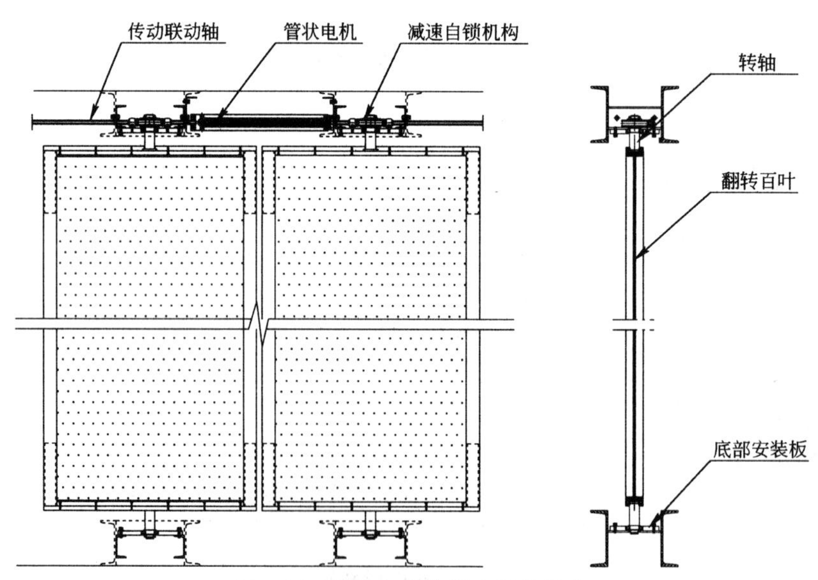

图 4-25　管状电机隐藏式涡轮驱动

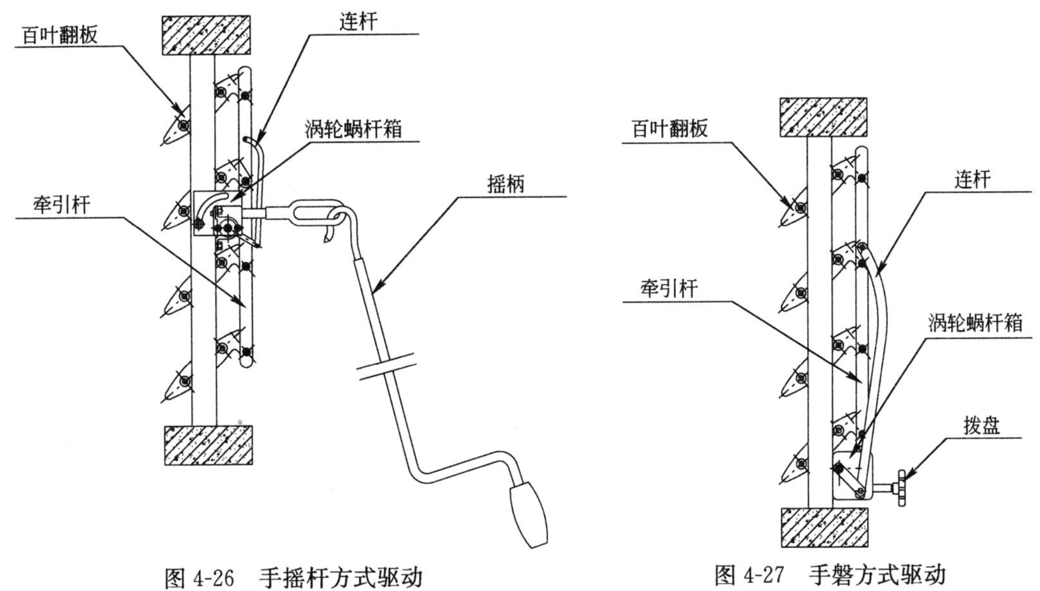

图 4-26　手摇杆方式驱动　　　图 4-27　手磐方式驱动

4.2.5 机构承载力选用参数表

百叶翻板机构承载力选用参数表见表 4-16。

机构承载力选用参数表　　　**表 4-16**

翻板面积(m^2)	管状电机扭矩(Nm)	推杆电机推力(N)
<2	10	450
2～3	15	600
3～4	20	1000

设计安装百叶翻板如遇更大面积时配合选用涡轮蜗杆系统，使用同样的电机扭矩，可推动的面积可以增大 3～4 倍。如百叶翻板配合使用涡轮蜗杆系统，对 1m×4m 翻板用一个 20Nm 管状电机就能带动 4 扇，即一拖四的总面积达 $16m^2$。

4.2.6 安装结构及要求

小型百叶翻板建议框内安装，安装时需配安装角尺，固定牢固即可。小型百叶翻板安装见图 4-28。

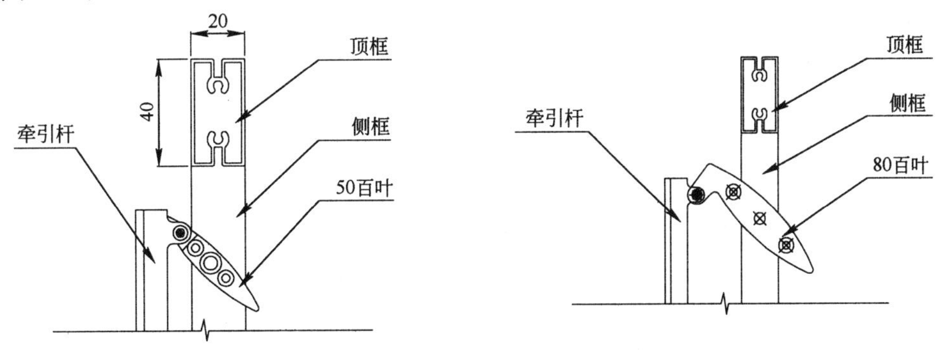

图 4-28　小型百叶翻板安装(一)

螺丝紧固
百叶翻板
侧框
侧框
牵引杆
轴套弹簧
28
20
封盖板
轴套

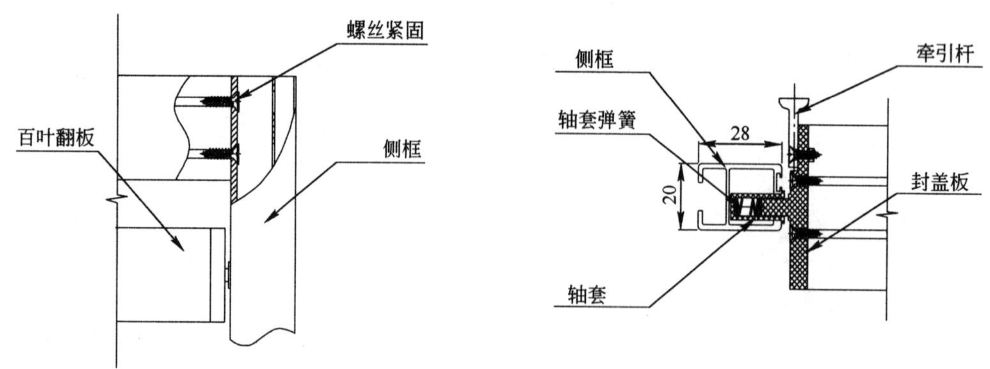

图 4-28　小型百叶翻板安装(二)

对于中型翻板，芯轴与框架内芯轴底板固定，铝百叶通过内部尼龙轴套与芯轴配合转动，固定端盖，紧固边框。中型 120-180 百叶翻板安装见图 4-29，中型 225-450 百叶翻板安装见图 4-30，组合型百叶翻板安装见图 4-31。

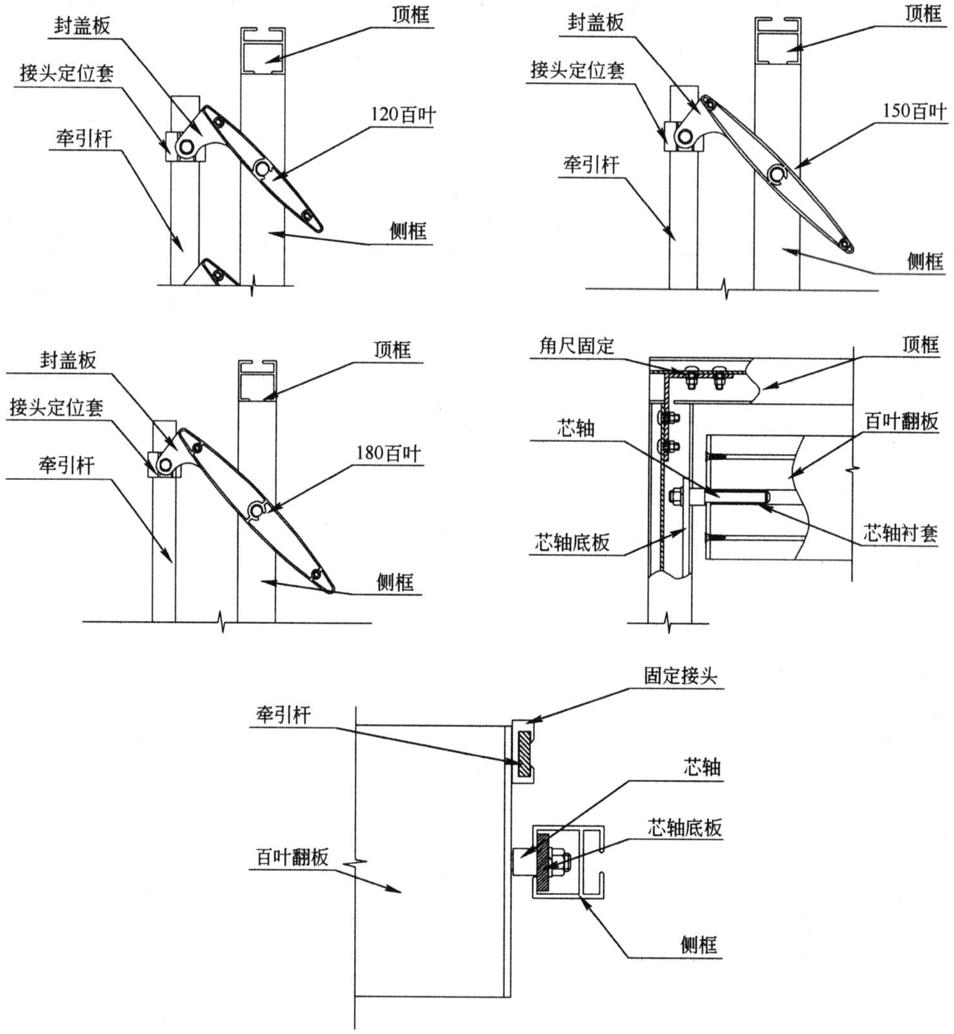

封盖板
接头定位套
牵引杆
顶框
120百叶
侧框
封盖板
接头定位套
牵引杆
顶框
150百叶
侧框
封盖板
接头定位套
牵引杆
顶框
180百叶
侧框
角尺固定
顶框
芯轴
百叶翻板
芯轴底板
芯轴衬套
固定接头
牵引杆
芯轴
芯轴底板
百叶翻板
侧框

图 4-29　中型 120-180 百叶翻板安装

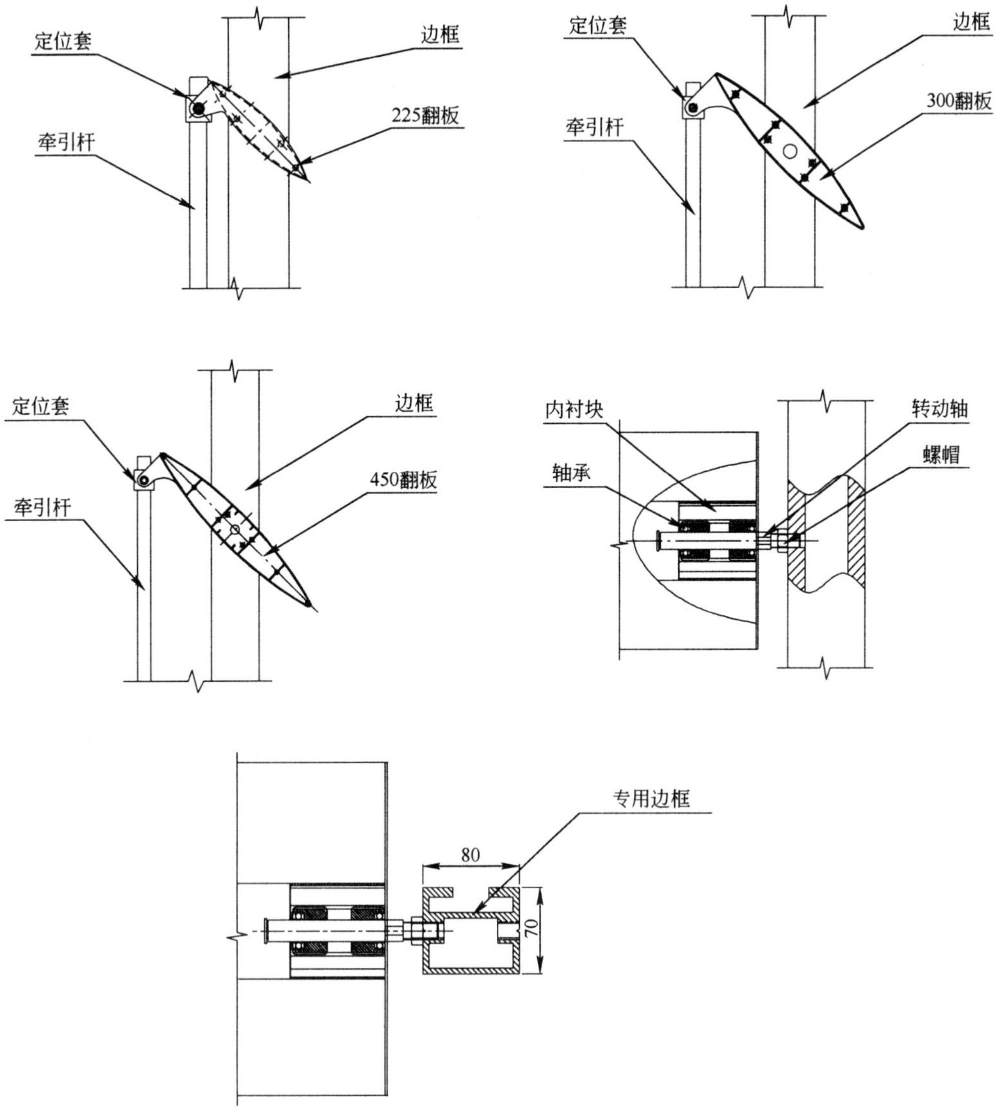

定位套
边框
225翻板
牵引杆
定位套
边框
300翻板
牵引杆
定位套
边框
450翻板
牵引杆
内衬块
轴承
转动轴
螺帽
专用边框
80
70

图 4-30 中型 225-450 百叶翻板安装

封盖板
轴承座
300龙骨
牵引杆
边框
300组合翻板
封盖板
600龙骨
牵引杆
600组合翻板

图 4-31 组合型百叶翻板安装(一)

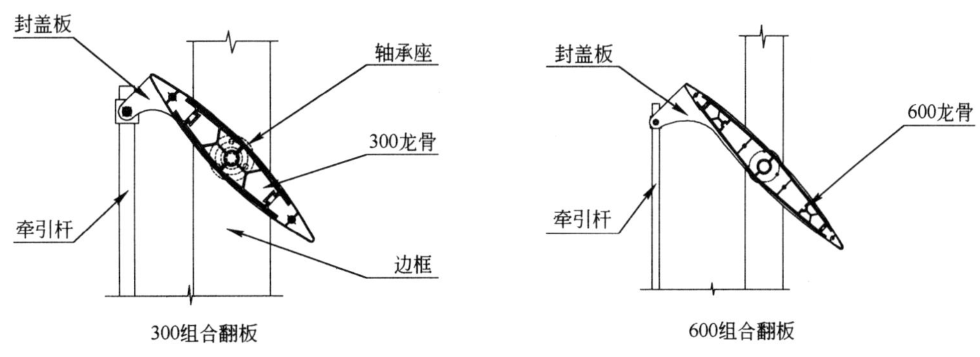

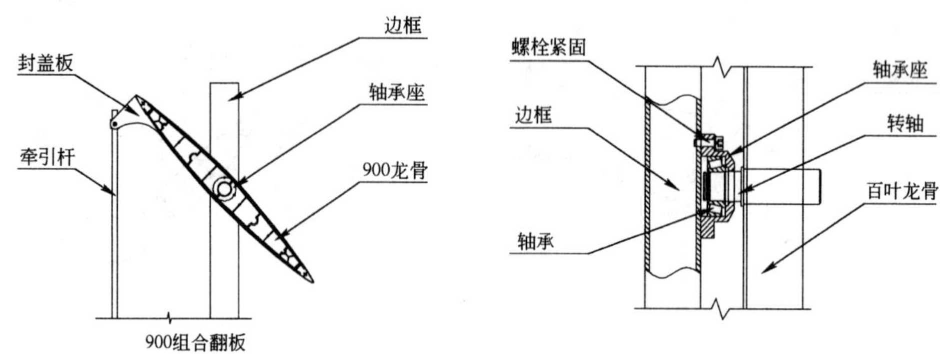

图 4-31　组合型百叶翻板安装(二)

对于中型百叶翻板，叶片与转轴需轴承配合，轴头为螺纹形式，与框架螺纹连接，待各片百叶位置调整为一直线时，固定轴头即可。

对于组合型翻板，叶片由多段铝合金龙骨支撑，表面覆铝板，轴头与首末端龙骨螺丝固定。叶片转动需轴承，轴承安装于轴承座内，与外部结构固定，金属框架或是水泥混凝土皆可。

根据翻板的种类、边框尺寸、安装方式，翻板的安装节点有很多方式。小翻板小边框安装节点方式见图 4-32，小翻板安装节点方式见图 4-33，中型翻板安装节点方式见图 4-34，组合型翻板安装节点方式见图 4-35，竖直翻板安装节点方式见图 4-36。

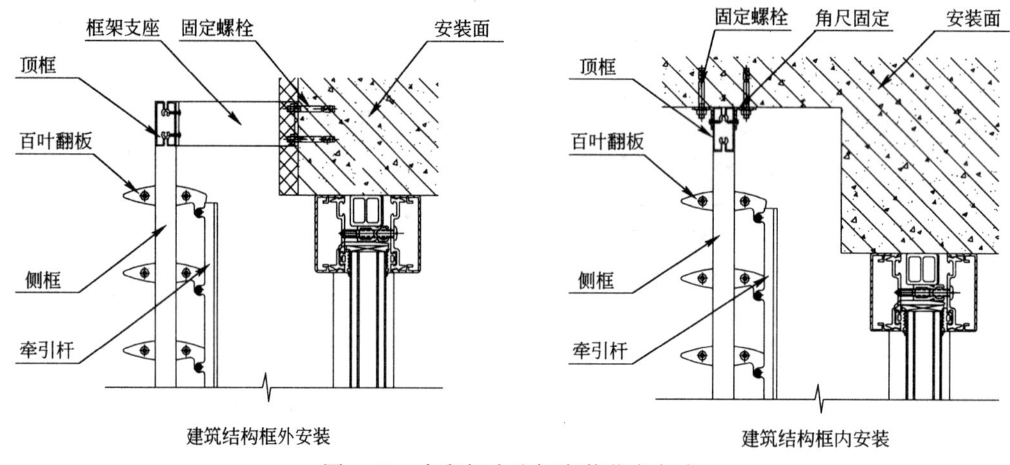

图 4-32　小翻板小边框安装节点方式

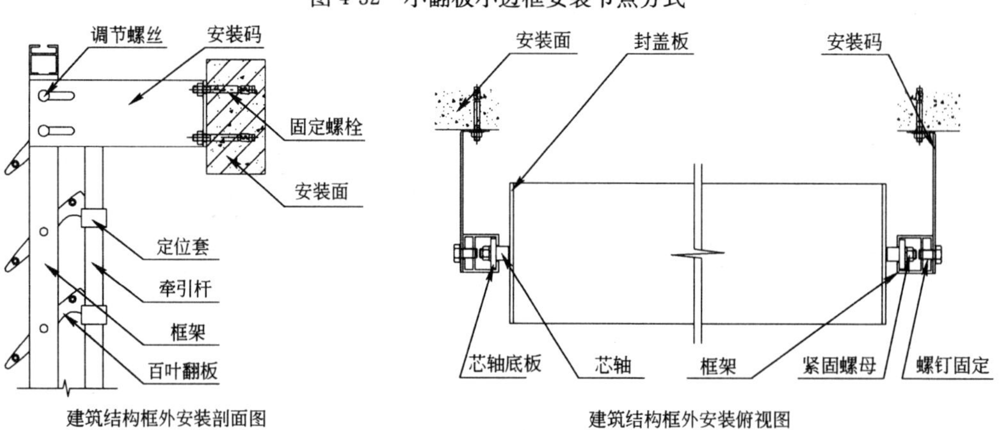

图 4-33　小翻板安装节点方式(一)

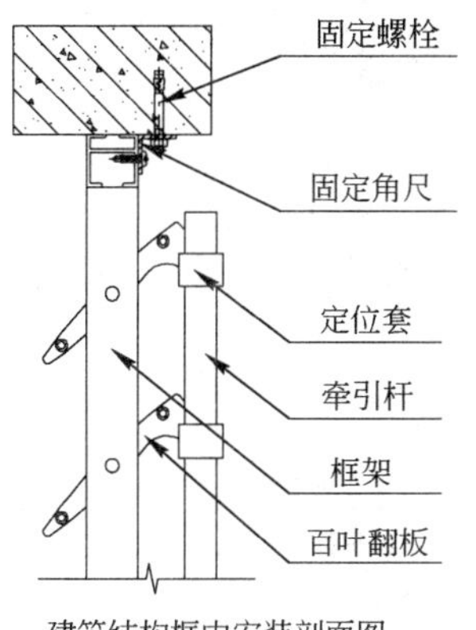

建筑结构框内安装剖面图

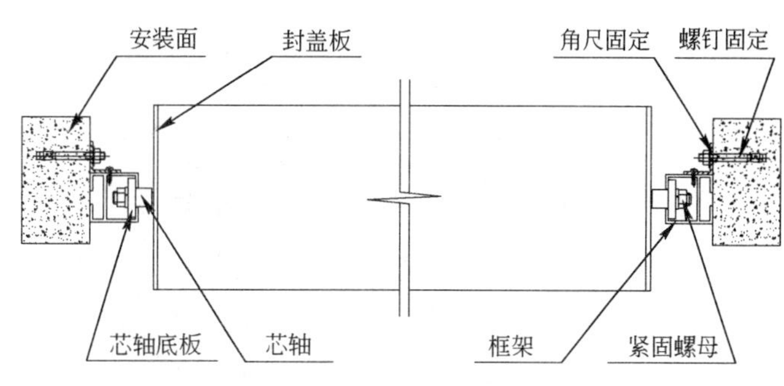

建筑结构框内安装俯视图

图 4-33 小翻板安装节点方式(二)

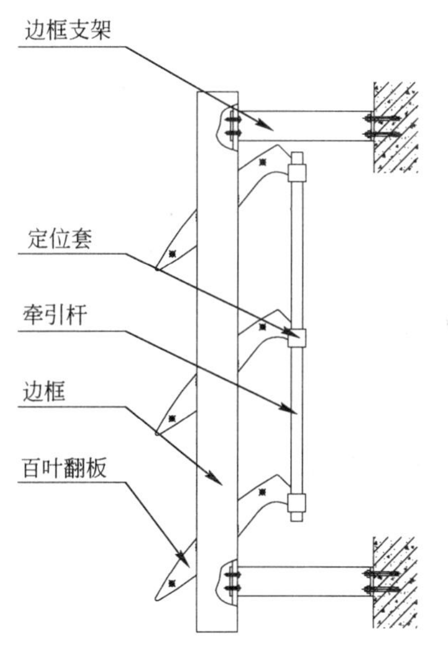

建筑结构框外安装剖面图

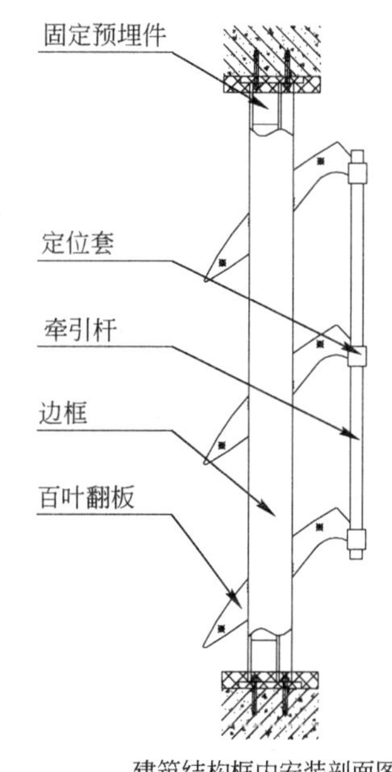

建筑结构框内安装剖面图

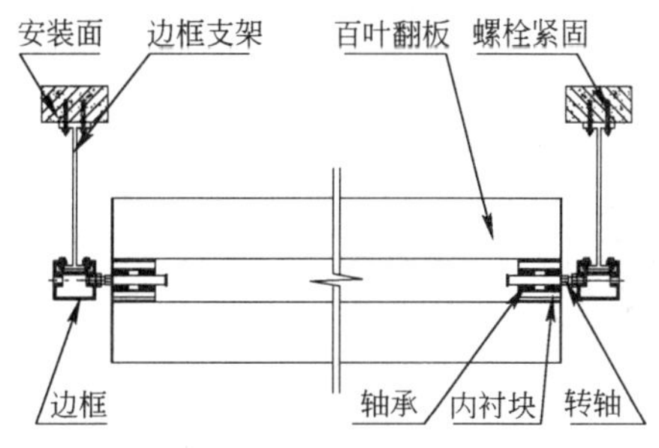

建筑结构框外安装俯视图

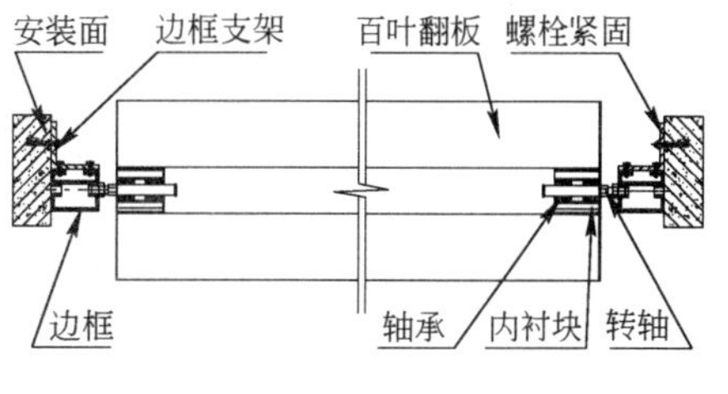

建筑结构框内安装俯视图

图 4-34 中型翻板安装节点方式

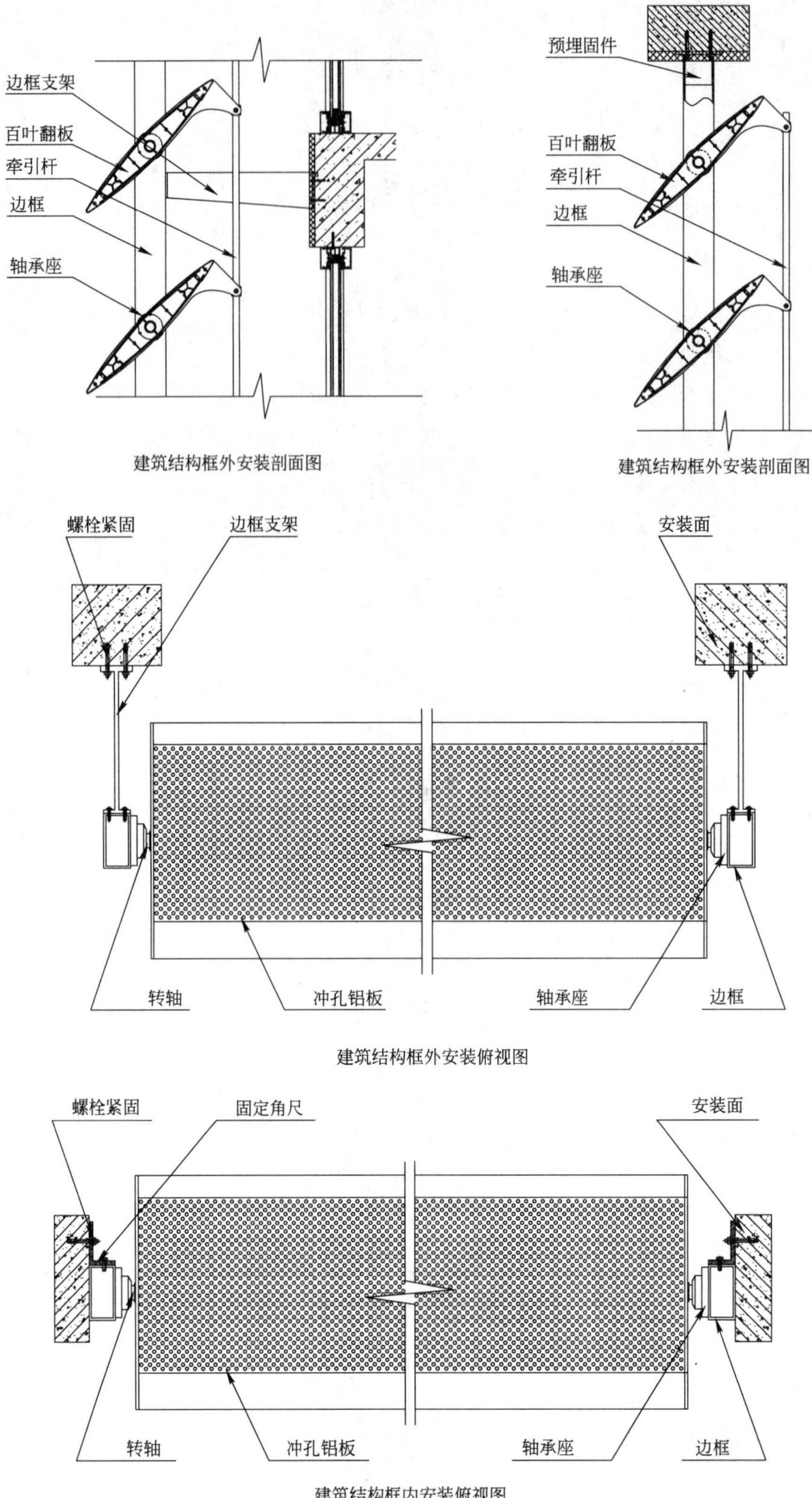

图 4-35　组合型翻板安装节点方式

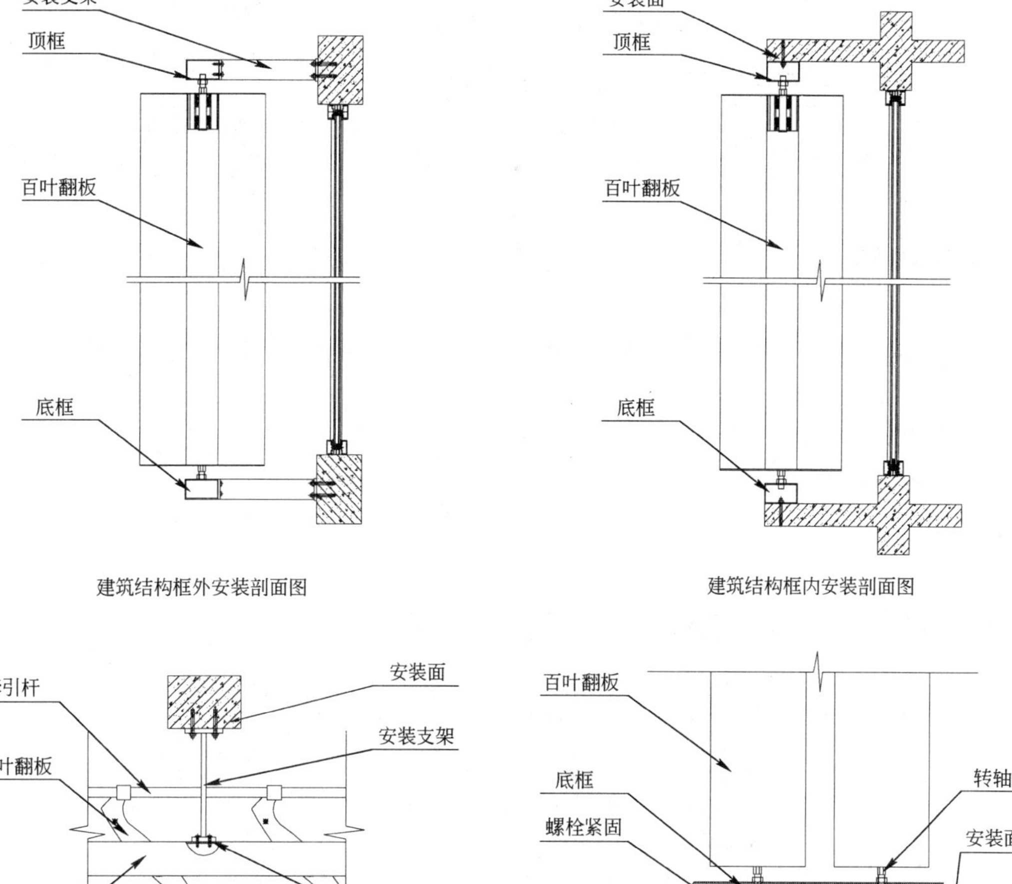

图 4-36 竖直翻板安装节点方式

4.3 移动百叶翻板

4.3.1 结构图

可以左右或上下移动的百叶翻板称移动百叶翻板。移动百叶翻板结构图见图 4-37。

4.3.2 适合场所及应用实例

移动百叶翻板适用于任何民用建筑，特别适用于有强辐射并伴有大风的地区如海边别墅等，需要遮阳时收合，需要阳光时伸展。有风时可将翻板移动到旁边，贴在墙边。移动百叶翻板应用实例见图 4-38。

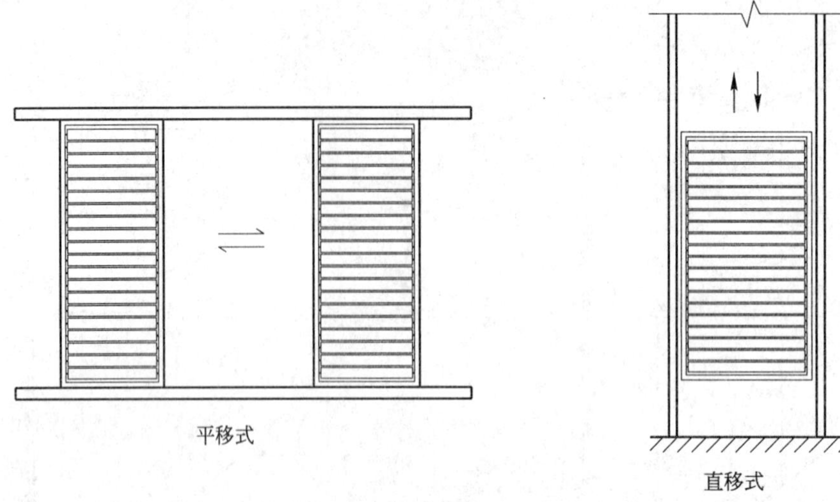

图 4-37 移动百叶翻板结构图

图 4-38 移动百叶翻板应用实例

4.3.3 系统介绍

将百叶翻板组成一个框，可以整体平移，运用上下或左右导轨实现平移，翻板的百叶可以定在某个角度，也可手动变化到另外的角度予以固定。和以往的木质百叶窗基本相同，只是这个窗不能转动伸展而只能手动伸展。

系统分手动和电动。

当在窗面积较大时，移动百叶翻板可以制成 2 窗、4 窗、6 窗。

4.3.4 安装结构及要求

移窗结构图见图 4-39。

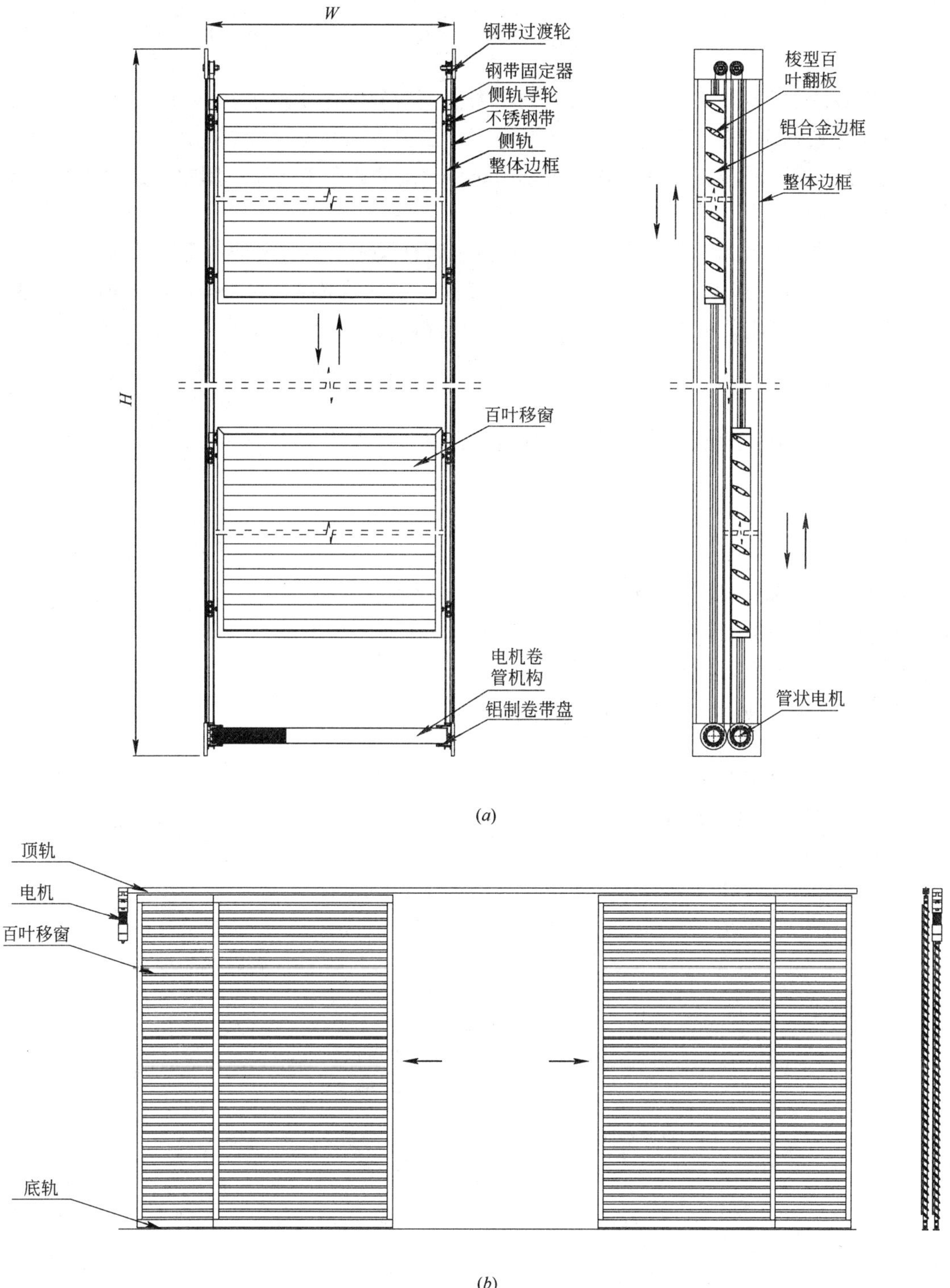

图 4-39　移窗结构图

(a)垂直移窗结构图；(b)水平移窗结构图

4.4 遮 阳 篷

遮阳篷是采用卷取方式使软性材质的帘布向下倾斜与小平面夹角在 0°～15°范围内伸展、收回的遮阳装置，是优良的外遮阳制品。

建筑用曲臂遮阳篷是由曲臂连杆推动引布杆运动的遮阳篷。建筑用曲臂遮阳篷按曲臂形式分为三类：

(1) 平推式曲臂遮阳篷：曲臂推动连杆使引布杆发生平推运动的曲臂遮阳篷；

(2) 斜伸式曲臂遮阳篷：一杆可沿直接方向运动，并可摆转推动引布杆运动的曲臂遮阳篷。

(3) 摆转式曲臂遮阳篷：一杆摆转推动引布杆运动的曲臂遮阳篷。

4.4.1 行业标准编号

遮阳篷的各项指标应符合《建筑用曲臂遮阳篷》(JG/T 253—2009)的规定。

4.4.2 分类和标记

曲臂遮阳篷按曲臂形式可分为：

(1) 平推式曲臂遮阳篷，代号为 P；

(2) 斜伸式曲臂遮阳篷，代号为 X；

(3) 摆转式曲臂遮阳篷，代号为 B。

曲臂遮阳篷按驱动方式可分为：

(1) 手动，代号为 S；

(2) 电动，代号为 D。

曲臂遮阳篷按遮阳面料材质可分为：

(1) 腈纶纤维，代号为 Q；

(2) 聚酯纤维，代号为 J；

(3) 其他，代号为 T；

标记：

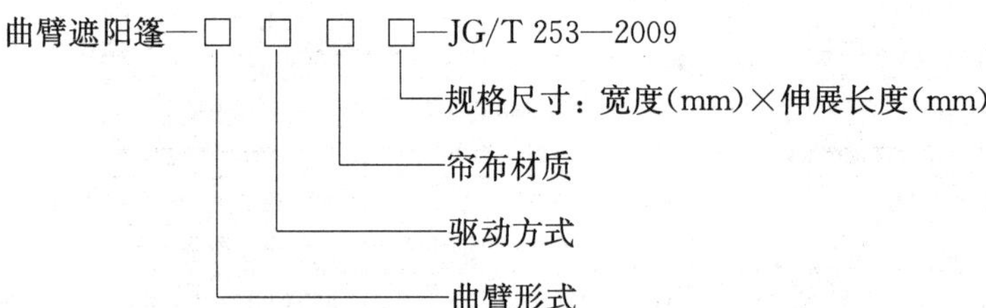

建筑遮阳曲臂遮阳篷 PDQ2500×1500—JG/T 253—2009 表示为宽度为 2500mm、伸展长度为 1500mm 的腈纶电动平推曲臂遮阳篷。

4.4.3 平推式曲臂遮阳篷

4.4.3.1 结构图

平推式曲臂遮阳篷结构图见图 4-40。

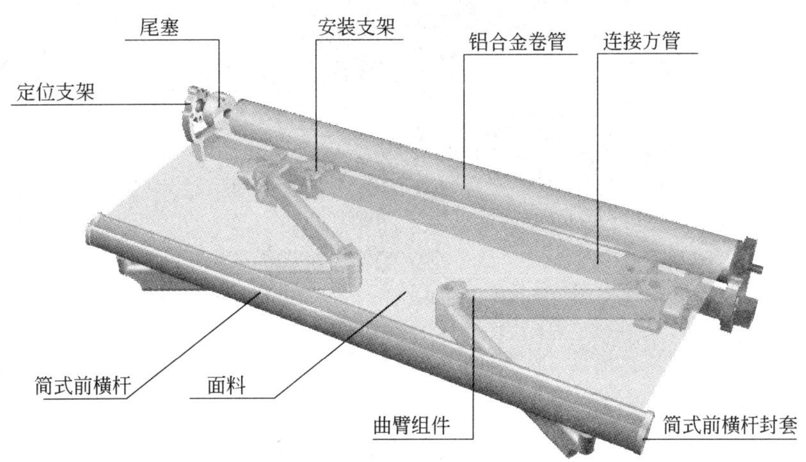

图 4-40 平推式曲臂遮阳篷结构图

罩壳式平推曲臂遮阳篷结构图见图 4-41。

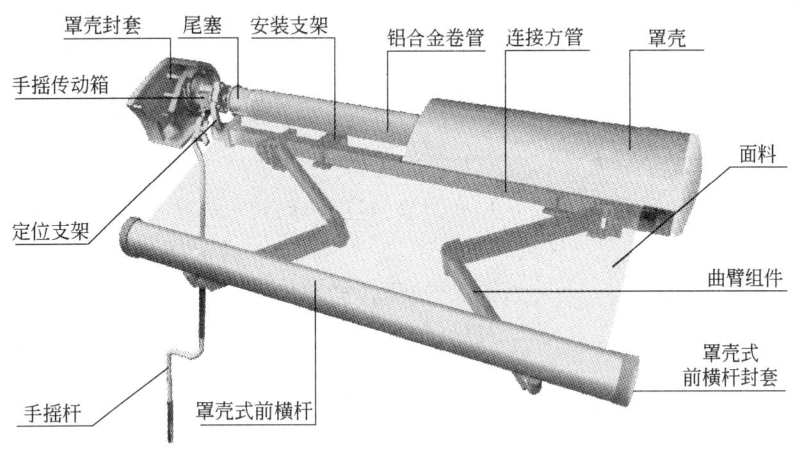

图 4-41 罩壳式平推曲臂遮阳篷结构图

4.4.3.2 适合场所及应用实例

平推式曲臂遮阳篷适用于别墅、住宅群、休闲山庄、商店、学校、公司等场合，不适用于过高楼层，不宜安装于维保、操作不方便及风力过大的地方。平推式曲臂遮阳篷应用实例见图 4-42。

4.4.3.3 系统介绍

(1) 曲臂

平推式曲臂遮阳篷的曲臂为全铝合金骨架结构，轻巧牢固，表面经过阳极化、喷塑、油漆等处理，外观持久光滑亮丽，耐腐蚀。曲臂连接部有强力弹簧，利用手动或电动压缩弹簧使篷收合，利用曲臂的弹力使遮阳篷伸展。遮阳篷伸展收合中两曲臂之间的夹角应在20°～160°之间，遮阳篷充分伸展时推动引布杆的臂和引布杆垂直，使篷面料呈张紧状态。

(2) 面料

面料通常有腈纶纤维和涤纶纤维两大类，面料色彩、花型、款式丰富，根据使用者爱

图 4-42 平推式曲臂遮阳篷应用实例

好选择，由于腈纶纤维面料采用色纺，因此耐气候色牢度很好，可以达到 7～8 级，在空气环境条件好的情况下可以使用五年不褪色，对比之下涤纶纤维面料的耐气候色牢度一般。遮阳篷耐气候色牢度分级见表 4-17。

遮阳篷耐气候色牢度分级 **表 4-17**

等　级	1	2	3	4
耐气候色牢度级数	4 级	5 级	6 级	7～8 级

面料应有一定的防水性能，优良的品质面料抗渗水性应大于 350mm 静水压水柱。

(3) 整体结构、性能

整体结构反映在操作力、耐积水载荷、抗风性能和机械耐久性能等方面。操作力分级见表 4-18；耐积水载荷分级见表 4-19；抗风性能分级见表 4-20；机械耐久性能分级见表 4-21。

操 作 力 分 级 **表 4-18**

操作方式	等级	最大操作力(N)	平稳运行最大操作力(N)
曲柄或绞盘操作	1	90	30
	2	60	15
	3	30	30
	4	15	15

耐积水载荷分级 **表 4-19**

等　级	1	2
水流量 [L/(m² · h)]	17	56

抗风性能分级 **表 4-20**

测试压力	抗风性能等级			
	0	1	2	3
额定测试压力(N/m)	<40	40	70	110
安全测试压力(N/m)	<68	48	84	132

机械耐久性能分级　　表 4-21

等　级	1	2	3
伸展和收回(次数)	3000	7000	10000

(4) 驱动系统

平推式曲臂遮阳篷有手动曲柄摇杆、绞盘和管状电机驱动等操作方式。遮阳面积 $4m^2$ 以上时选择管状电机驱动为宜；在可能断电地区，防止起风时不能收合，需要选择手动电动两用管状电机；在断电起风时可以使用手摇曲柄摇杆收回遮阳篷，避免损失。尺寸大的遮阳篷应选用更大扭矩的电机，遮阳篷电机的选用见 4.4.3.6。

(5) 控制系统

平推式曲臂遮阳篷采用开关控制，无线电控制，光、风、温度、雨传感器配合控制。

由于遮阳篷抗风性能有限，当发现篷扑动幅度过大时就应收回。在人力不及的时候，使用传感器按照有强辐射伸展、有风有雨收回等预先设定的状态自动收回、伸展。既提高舒适性，又保证安全性。

(6) 罩壳及特殊结构

平推式曲臂遮阳篷配备罩壳及特殊结构使产品功能多元化、系列化。

PVC 盒遮阳篷坚固的铝合金骨架结构，保证整个结构既轻巧又牢固。结构表面喷塑处理，使其外观持久亮丽。多种款式的面料，不仅可完全遮挡紫外线，而且能满足人们对色彩的不同需求。优美的弧线形白色 PVC 罩壳，关闭时将完全保护面料。有手摇曲柄式和电动卷取式两种方式可供选择。

全铝盒式遮阳篷是全铝合金骨架结构，保证整个结构既轻巧又牢固。结构表面阳极氧化处理，使其外观持久亮丽。多种款式的面料，不仅可完全遮挡紫外线而且能满足人们对色彩的不同需求。独特的铝合金罩壳设计，令产品更具现代感。

重型遮阳篷超强坚固的铝合金骨架，可承受更大的重力。骨架表面阳极氧化处理，使其外观保持亮丽如新。多种款式的面料，不仅可完全遮挡紫外线，而且能满足人们对色彩的不同需求。更宽更广的遮阳篷更能符合大型场所的要求。

4.4.3.4 平推式曲臂遮阳篷的使用规格

遮阳篷通常是定尺寸产品，需要时也可将定尺寸产品改制。平推式曲臂遮阳篷的长度和宽度有适当的搭配，推荐使用规格见表 4-22。

推荐使用规格　　表 4-22

宽度＼长度	1000	1500	2000	2500	3000	3500
＜2000	√	～	×	×	×	×
2000～3000	√	√	～	×	×	×
3000～4000	√	√	√	～	×	×
4000～5000	√	√	√	√	～	×
5000～6000	√	√	√	√	√	～
≥6000	√	√	√	√	√	√

注："√"为推荐使用；"～"为可以使用；"×"为不建议使用。

4.4.3.5 安装结构图

平推式曲臂遮阳篷安装结构图见图 4-43。

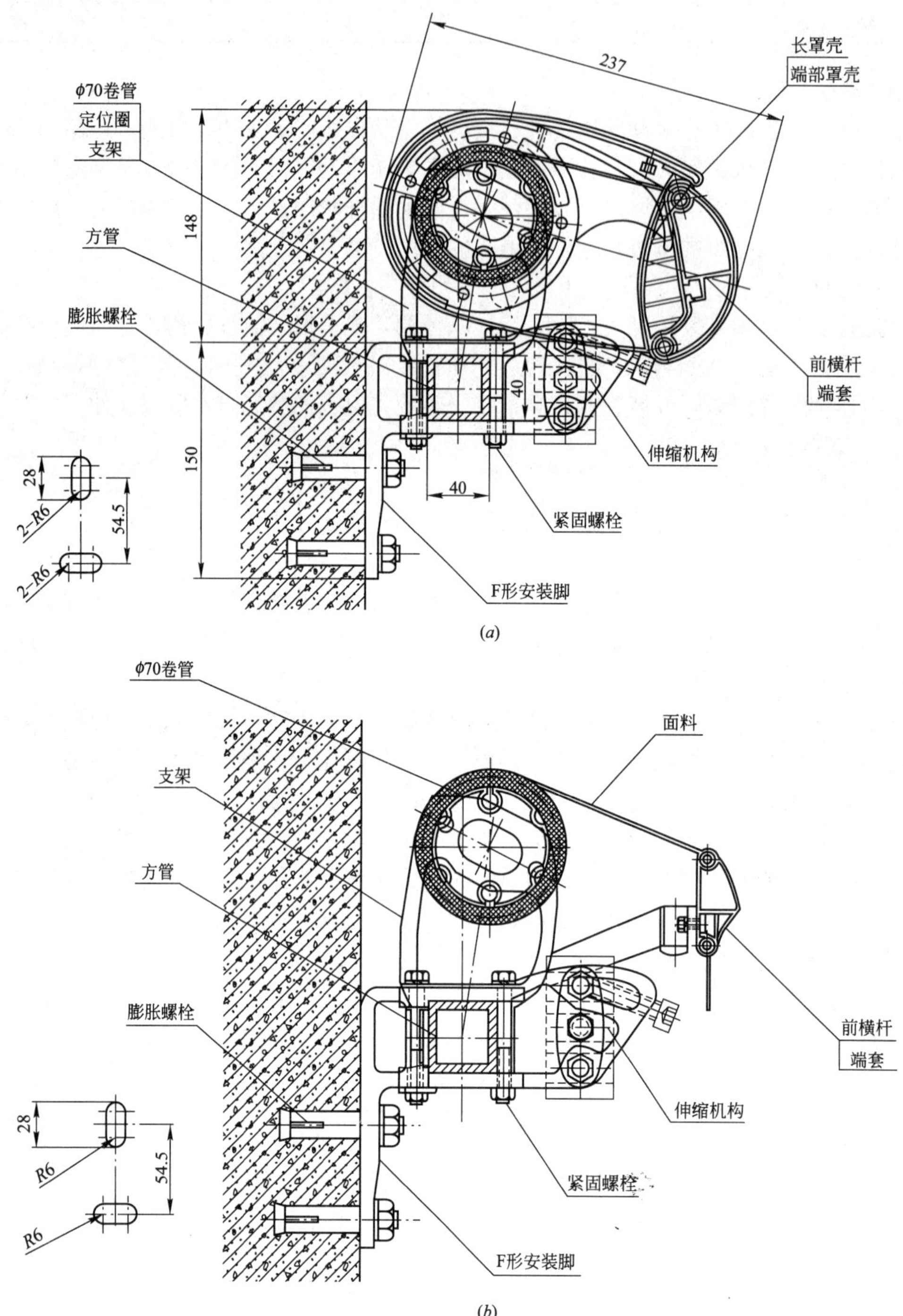

图 4-43 平推式曲臂遮阳篷安装结构图

4.4.3.6 电机选用表

平推式曲臂遮阳篷电机选用表见表 4-23。

平推式曲臂遮阳篷电机选用表 表 4-23

	卷管外径(mm)		电动(Nm)	手动电动两用(Nm)
	50	60		
遮阳篷宽度(m)	1.8	—	10	25
	4.0	2.8	10	25
	7.5	5.9	20	25
	11	8.8	30	40
	17	14.8	40	40

4.4.3.7 面料选用

选择面料时，首先在外观上关注其款式、花型、色彩。内在质量上除了要求比一般面料有更高的断裂强力、撕破强力以外，特别还要注意其防水性能、耐气候色牢度，这两个性能指标表示了面料在强紫外线照射下，在受到风雨侵蚀的情况下，其耐久性能的优良程度。

4.4.3.8 电路控制图

通常平推式曲臂遮阳篷都会配置风、光、雨传感器，以便控制其自动伸展收合。在安装前期就要设计好控制器位置及电箱位置、线路走向等。

无线电遥控加风光控电路图见图 4-44。

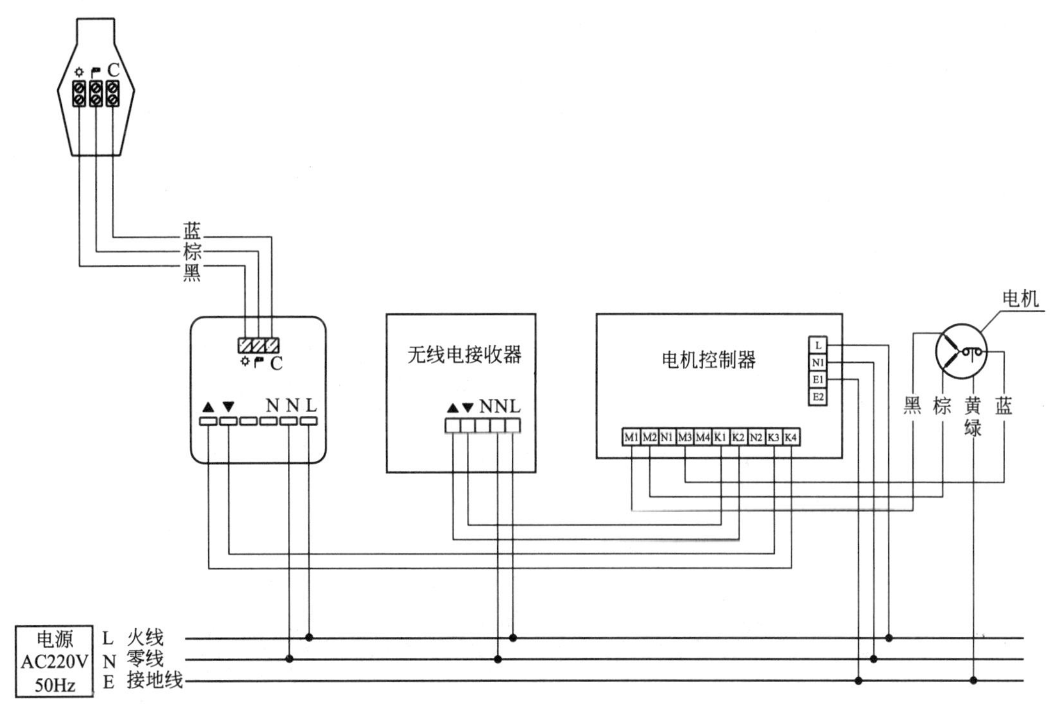

图 4-44 无线遥控加风光控电路图

4.4.4 斜伸式曲臂遮阳篷

4.4.4.1 结构图

斜伸式曲臂遮阳篷结构图见图 4-45。

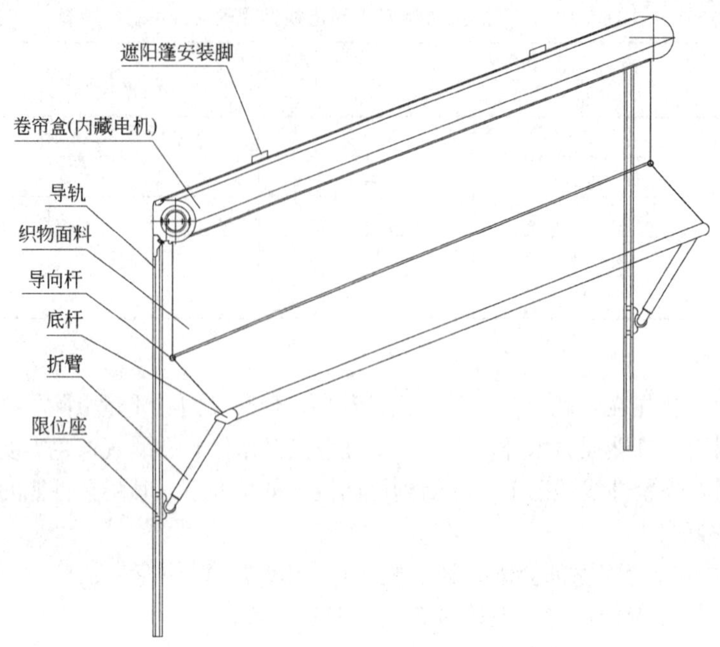

图 4-45 斜伸式曲臂遮阳篷结构图(45°斜伸式)

斜伸式曲臂遮阳篷上部有一段面料垂直部分遮挡了阳光，下面靠近窗台部位可以通风，伸展时帘布伸出垂直墙面遮光效果极佳，在不是极端高温天气，可以使用该篷而不使用空调。遮阳系数 0.33～1.00，收合时支撑臂杆收藏至导轨中，底杆帘布均收到卷帘盒中。打开时可为建筑增添装饰美，收合时面料隐藏恢复原建筑风貌。

4.4.4.2 适合场所及应用实例

斜伸式曲臂遮阳篷适合大楼的集中使用，也适合别墅、住宅群、商店、学校、公司等场合使用。斜伸式曲臂遮阳篷应用实例见图 4-46。

图 4-46 斜伸式曲臂遮阳篷应用实例

4.4.4.3 系统介绍

斜伸式曲臂遮阳篷由下列部分组成：

（1）曲臂

曲臂细巧而坚固，内含强劲钢卷状弹簧，靠弹簧弹力使帘布伸展，要手动或电动才能使其帘布收合，同时将弹簧压紧。坚固细巧的垂臂使整体结构紧凑并与罩壳和谐统一。

（2）滑块

导轨中有硬塑料制成的滑块，与铝合金的摩擦力很小，可以避免滑动时产生噪声。

（3）下轨

下轨是外展横杆，特殊设计了嵌槽结构，使遮阳面料能与横杆牢固连接，不至于在弹力较大时脱落。同时在清洗和更换时方便拆卸。

（4）罩壳

外形为圆弧形，结构精巧，可以将其他部件收藏其中，收合后外观美丽，可以保护机构和帘布清洁。

（5）手动摇杆

遮阳篷安装于室外，人在室内操作，用手动时，就采用了穿过墙洞在室内操作的后置式摇杆。手动斜伸式曲臂遮阳篷结构图见图 4-47。

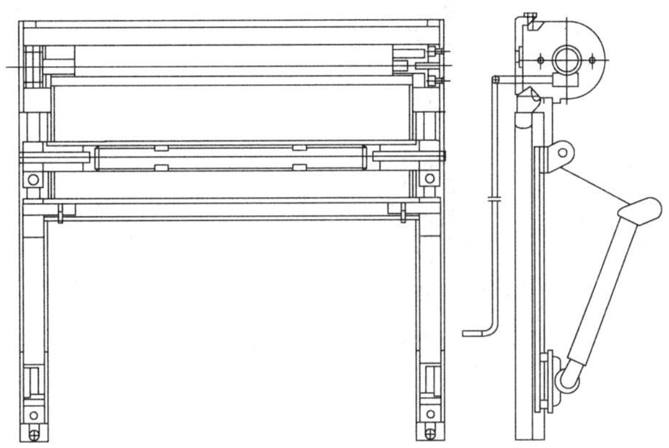

图 4-47　手动斜伸式曲臂遮阳篷结构图

（6）电机

适应集中使用，一个电机配合使用联轴器可以实现多组联动。电动斜伸式曲臂遮阳篷结构图见图 4-48。

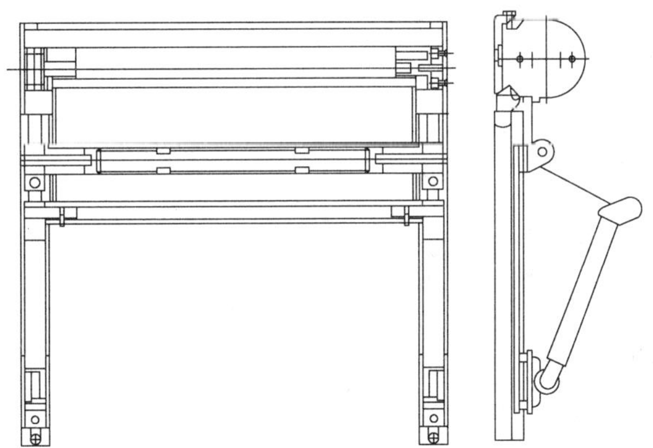

图 4-48　电动斜伸式曲臂遮阳篷结构图

4.4.4.4　选用表

电动斜伸式(单幅)选用表见表 4-24；手动斜伸式(单幅)选用表见表 4-25。

电动斜伸式(单幅)选用表　　表 4-24

极限高度	极限宽度	最大面积
6m	2m	$12m^2$

手动斜伸式(单幅)选用表　　表 4-25

极限高度	极限宽度	最大面积
3m	2m	$6m^2$

4.4.4.5 安装结构图

斜伸式曲臂遮阳篷安装结构图见图 4-49。

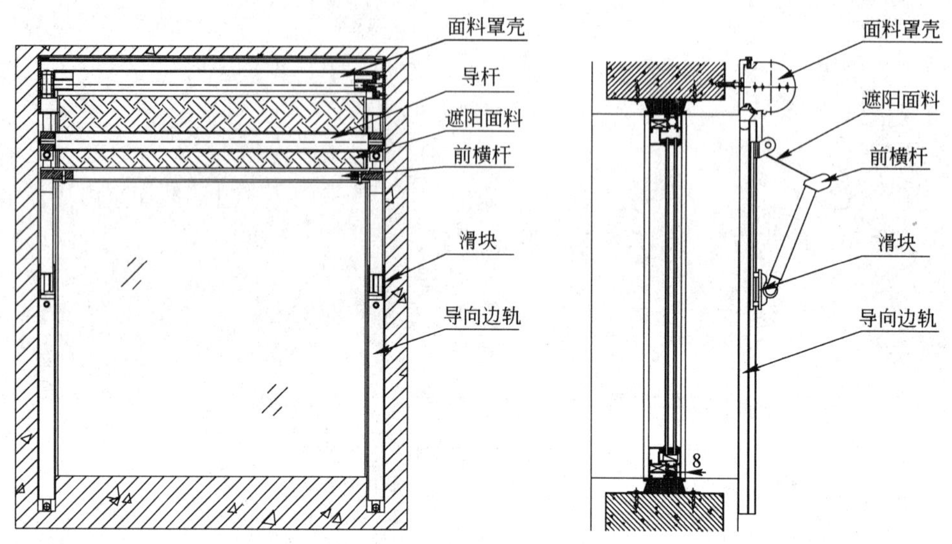

图 4-49 斜伸式曲臂遮阳篷安装结构图

4.4.5 摆转式曲臂遮阳篷

4.4.5.1 结构图

摆转式曲臂遮阳篷结构图见图 4-50。

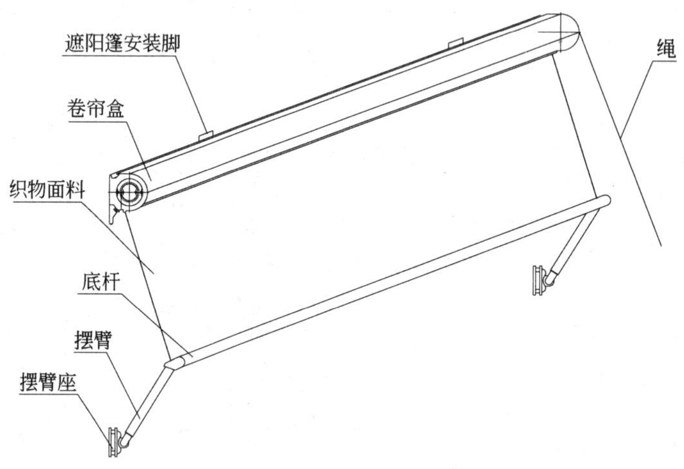

图 4-50 摆转式曲臂遮阳篷结构图

摆转式曲臂遮阳篷可以手动和电动，由于该篷尺寸一般较小，有绳拉即可，使用方便。伸展时依靠该摆臂的弹力，帘布伸出墙面，遮光的同时可以通风。收合时布绕上卷管，底杆和卷管并在一起，紧贴屋顶，不影响建筑外观。

4.4.5.2 适合场所及应用实例

摆转式曲臂遮阳篷适用于家居庭院，窗口面积较小的场合。摆转式曲臂遮阳篷应用实例见图 4-51。

(a)

(b)

图 4-51 摆转式曲臂遮阳篷应用实例

4.4.5.3 系统介绍

摆转式曲臂遮阳篷由下列部分组成：

(1) 摆臂：固定于墙面上的摆臂内置弹簧，利用弹簧弹力使面料绷紧；

(2) 绳、绳座：可用手动拉绳拉起面料，把绳绕在绳座上；

(3) 管状电机、手动开关或遥控控制。

摆转式曲臂遮阳篷系统结构图见图 4-52。

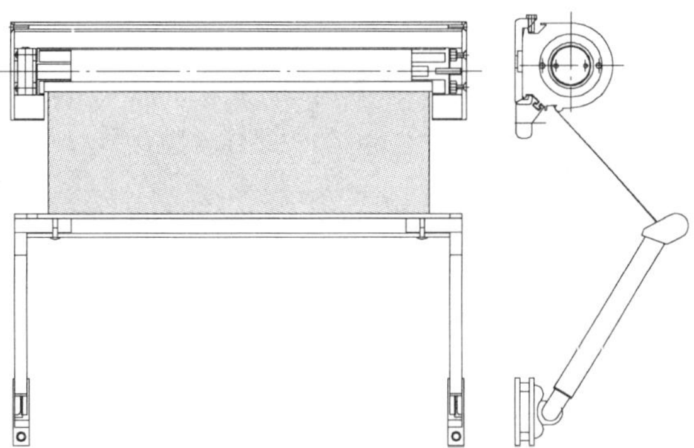

图 4-52 摆转式曲臂遮阳篷系统结构图

4.4.5.4 选用表

电动摆转式选用表见表 4-26，手动摆转式选用表见表 4-27。

电动摆转式选用表 **表 4-26**

极限高度	极限宽度	最大面积	抗风等级
5m	2m	$10m^2$	5

手动摆转式选用表 **表 4-27**

极限高度	极限宽度	最大面积	抗风等级
35m	2m	$6m^2$	5

4.4.5.5 安装结构

摆转式曲臂遮阳篷绳拉式安装结构图见图 4-53，摇杆式安装结构图见图 4-54，电动式安装结构图见图 4-55。

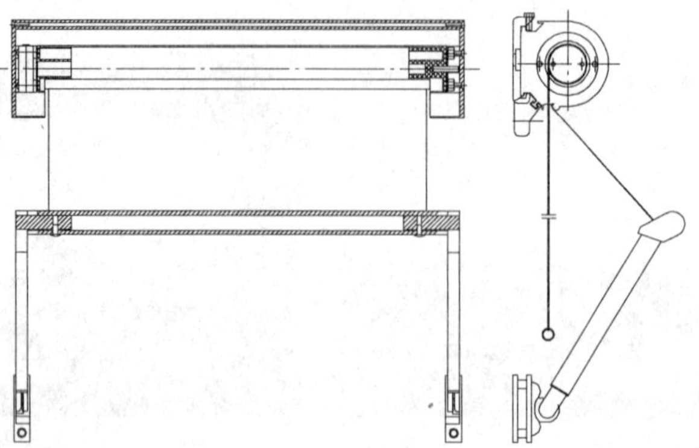

图 4-53 绳拉式安装结构图

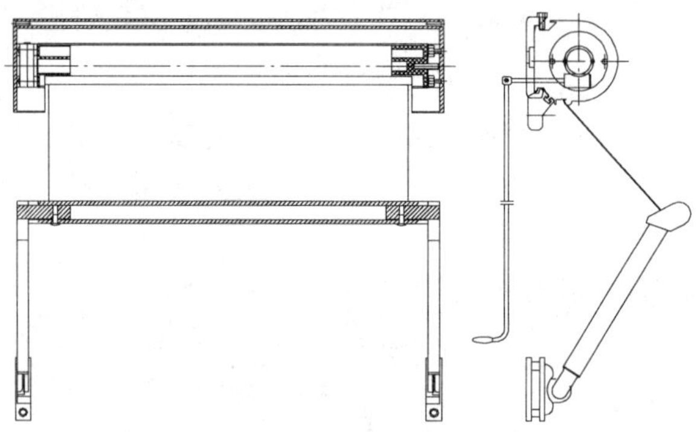

图 4-54 摇杆式安装结构图

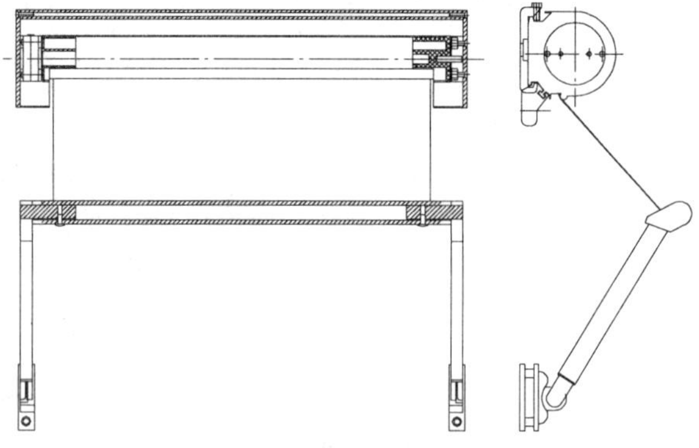

图 4-55 电动式安装结构图

4.5 卷 闸 门 窗

卷闸门窗又称卷帘门窗，通常是指使用硬质帘片的卷帘。使用织物的卷帘，今后将统一称软卷帘。

卷闸门窗，至于是卷闸门还是卷闸窗，没有明确的界定，使用于窗的即为卷闸窗，使用于门的即为卷闸门。一般使用于门的尺寸比使用于窗的大，叶片材质更坚实，电机扭矩更大些，结构上没有根本性区别。

4.5.1 卷闸门窗结构图

卷闸门窗结构图见图 4-56，卷闸门窗配件表见表 4-28。

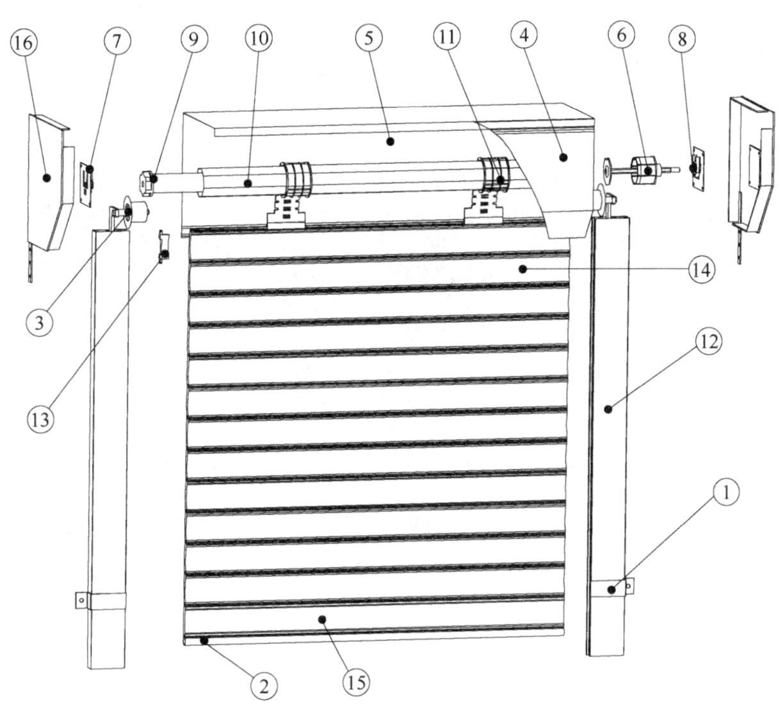

图 4-56 卷闸门窗结构图

卷闸门窗配件表 **表 4-28**

①压板		②密封条		③引导轮		④罩壳上端	
⑤罩壳下端		⑥轴头杆		⑦安装支座		⑧轴承	
⑨电机		⑩钢轴		⑪防推履带		⑫侧导轨	

续表

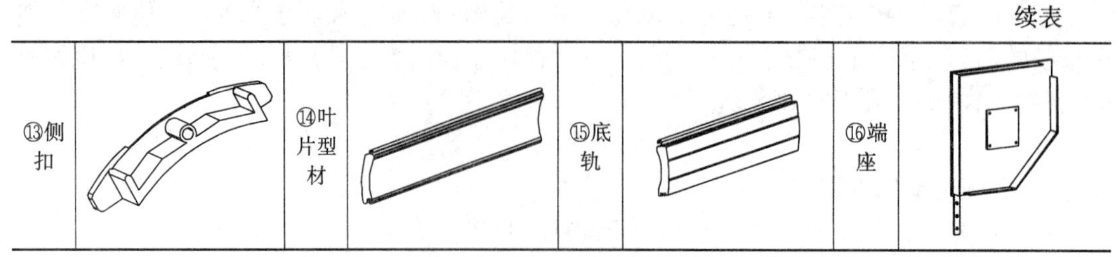

⑬侧扣		⑭叶片型材		⑮底轨		⑯端座	

4.5.2 适合场所及应用实例

卷闸门窗适用于居住建筑窗口的外遮阳，也适用于宾馆、学校、银行、医院、商业店铺、别墅、车库等场合。夏季外遮阳系数为 0.33，冬季外遮阳系数为 1。卷闸门窗应用实例见图 4-57。

(*a*) (*b*) (*c*)

图 4-57 卷闸门窗应用实例

4.5.3 系统介绍

卷闸门窗由以下部件组成：

（1）帘片

帘片材质以铝合金为主，也有钢质的和 PVC 塑料制品，在双层铝合金型材片内部填充聚氨酯绝热发泡材料，有保温隔声作用，帘片的边缘部分又分为有孔和无孔两种形式。在没有全关闭的时候，有孔的可以透光。另外有些型号的帘片表面备有少数特制的透光的叶片，以供采光观察，亦称孔片。

帘片设计独特，外缘、内缘均为弧形曲线，以利卷取后相互贴切，占据体积最小。

帘片的上下部均有钩状结构，下一片帘片的上钩钩住上一片的下钩，沿着叶片的长度方向穿进去后，就可以活络地连接，以便卷放。

（2）卷帘盒

卷帘盒由卷轴、罩壳组成，罩壳有方形和圆弧形等多种形式。在方形的正下方往往切掉一个角，使容积更小，外形更美观，为了美观、节能，往往把罩壳省去，将原卷帘盒部分设计隐藏在有节能要求的墙体中，并在帘片和罩壳之间的空间内填充保温材料。

（3）卷轴

卷轴通常使用极有刚性的八角钢管制作，保证卷轴不因变形造成卷放故障。卷轴的内

卷闸门窗选用参数表 表 4-29

类型	罩壳（材质/型号）	罩壳（宽高）	帘片	导轨	重量 (kg/m²)	卷帘最大应用宽度 (mm)	卷帘最大应用高度 (mm)	抗风压性能 (kPa)	保温性能传热系数 [W/(m²·K)]	隔声量 (dB)	气密性能 [m³/(m²·h)]	备注
	铝合金 SH165 SH180 SH205	165 180 205	铝合金 SX37 37	A01-60 22.6 14.6 54	3.5	1500	2700	0.5	4.9	17	2.67	适用于住宅、宾馆、学校、银行、医院、商业店铺等建筑外遮阳。表中“SH165”表示罩壳高均为165。“SH165/F”表示罩壳为方形
	铝合金 SH165/F SH180/F SH205/F	165 180 205	铝合金 SX42 42	A01-60 22.6 14.6 54	4.0	2400	2700	1.0	4.8	16	5.18	
	铝合金 SH250 SH300	250 300	铝合金 SX55 55	A01-75 22.6 14.6 54	4.5	3000	3000	2.0	4.9	18	13.39	

注：1. 若外遮阳卷帘的宽度大于3000mm及特殊结构，可与厂家联系加工制作。
2. 本表仅供设计时参考，并非指定采用该企业的产品。
3. 表中抗风压性能、保温性能、隔声性能、气密性能的数据为卷帘遮阳系统自身的测试数据，且为国家建筑工程质量监督检验中心的检测数据。
4. 本表格根据大连舒心门业有限公司提供的技术资料编制。
5. 面积小的时候用手动曲柄摇杆操作，面积大的时候使用管状马达操作。

部可以安置管状马达，用以驱动。

（4）导轨

导轨一方面引导卷帘门窗收放的轨迹，一方面和帘片组成一个封闭的有强度的板体，构成门窗的遮挡面，形成遮光、避雨、隔声、保温、防盗、保私密等多种功能。

导轨与帘片接触的两边嵌有软毛条或软质 PVC 衬条，可减少运动时摩擦噪声，提高保温性能，避免叶片在导轨中晃动以及产生撞击声。

4.5.4 选用参数表

卷闸门窗选用参数表见表 4-29。

4.5.5 安装结构及要求

卷闸门窗安装方式有框内安装(嵌装)、框外安装(明装)，还有暗装(卷帘盒安装于建筑内)，一般先将导轨与建筑主体固定，然后将卷帘盒插接固定在导轨上。

4.5.5.1 框内安装

卷闸门窗框内安装结构图见图 4-58。

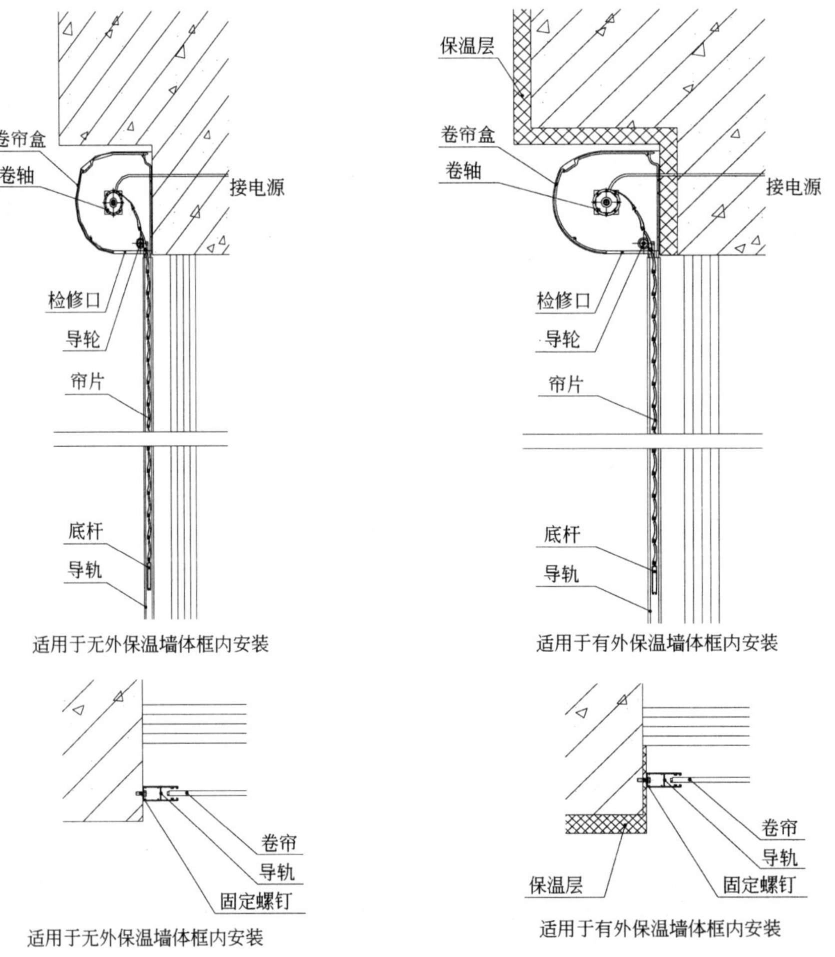

图 4-58 卷闸门窗框内安装结构图

4.5.5.2 框外安装

卷闸门窗框外安装结构图见图 4-59。

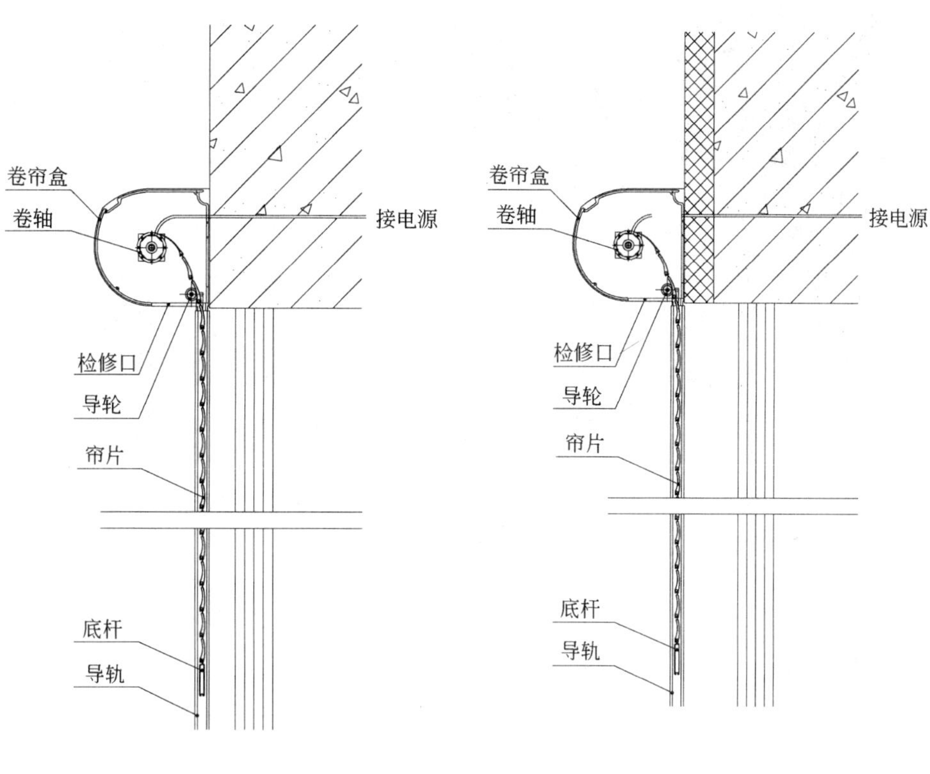

适用于无外保温墙面框外安装　　适用于有外保温墙面框外安装

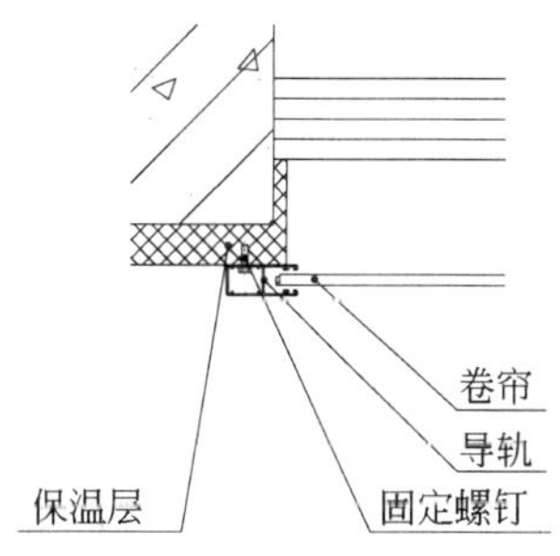

适用于无外保温墙面框外安装　　适用于有外保温墙面框外安装

图 4-59　卷闸门窗框外安装结构图

4.5.5.3 暗装

卷闸门窗暗装结构图见图 4-60。

4.5.6 电机扭矩选用

卷闸门窗电机扭矩选用表见表 4-30。

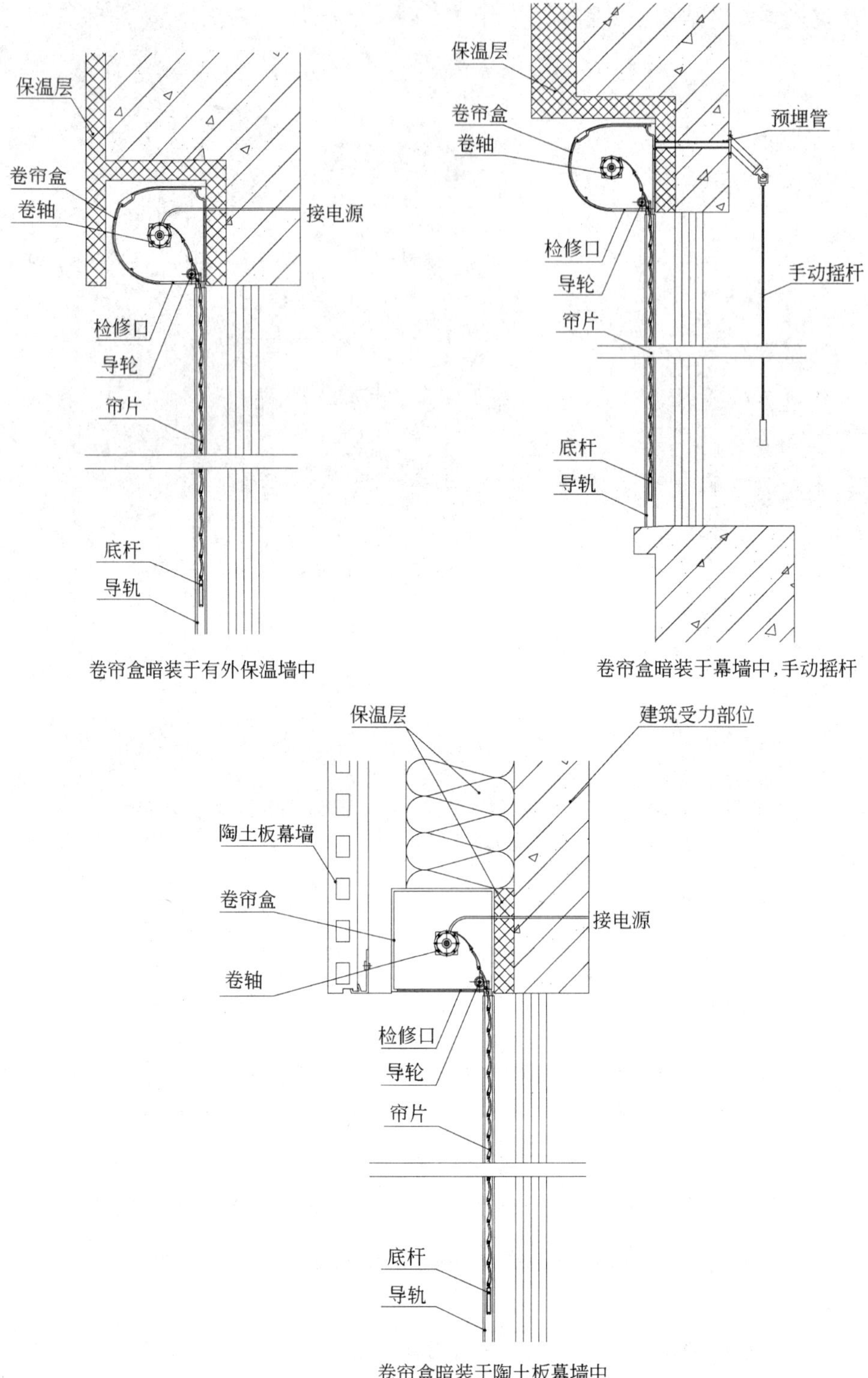

卷帘盒暗装于有外保温墙中

卷帘盒暗装于幕墙中,手动摇杆

卷帘盒暗装于陶土板幕墙中

图 4-60　卷闸门窗暗装结构图

电机扭矩选用表 **表 4-30**

型材	叠盖面	重量	最大应用尺寸	轴径	最大电机扭矩
37	37.0mm	3.5kg/m²	6.5m²	40mm	10Nm
42	40.0mm	4.0kg/m²	8m²	60mm	15Nm
55	55.0mm	5.0kg/m²	14m²	70mm	35Nm
77	78.5mm	6.0kg/m²	18m²	114mm	100Nm

4.5.7 电路控制图

卷闸门窗如在室外控制，应选用钥匙开关或无线电遥控器；如在室内控制，可以使用手动开关控制。手动开关单控电路图见图 4-61，手动开关+无线电遥控单控电路图见图 4-62。

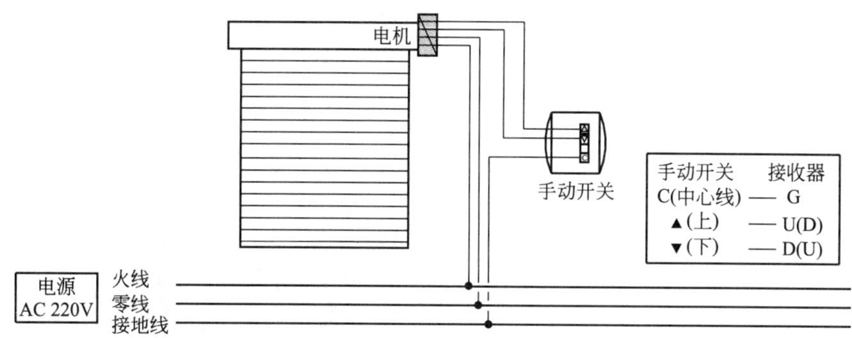

图 4-61 手动开关单控电路图

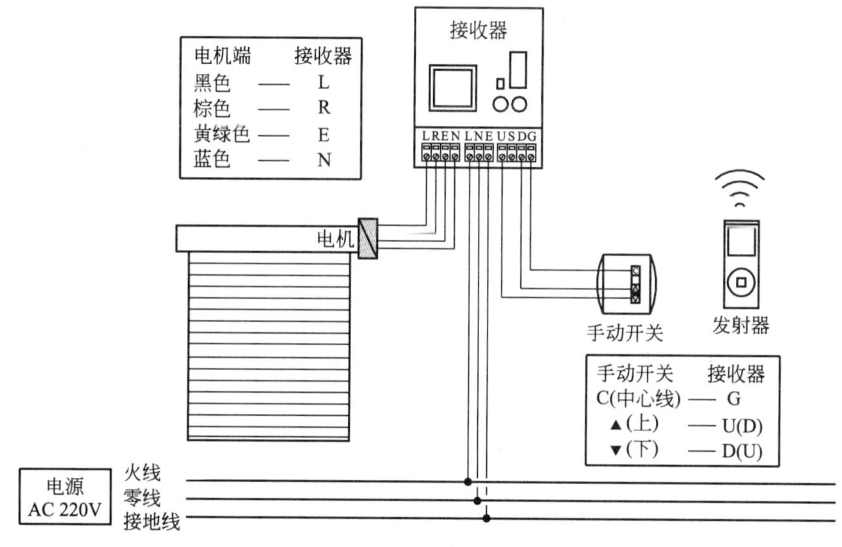

图 4-62 手动开关+无线电遥控单控电路图

4.6 室 外 卷 帘

4.6.1 室外卷帘结构图

室外卷帘结构图见图 4-63。

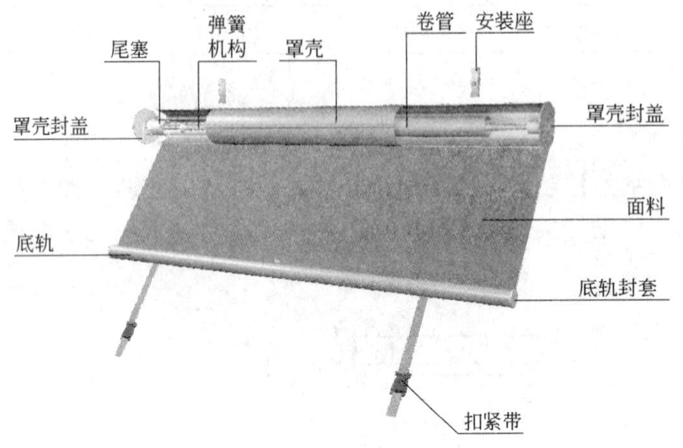

图 4-63 室外卷帘结构图

4.6.2 适合场所及应用实例

室外卷帘适用于窗或阳台的遮阳，室外卷帘当量遮阳系数为 0.18，结构简单，使用方便，可以外伸固定。遮阳的同时通风透景效果更好，面料款式、颜色甚多，可满足个性化需求。特别适合于阳台，最大宽度 3m，最大长度 3m。室外卷帘应用实例见图 4-64。

图 4-64 室外卷帘应用实例

4.6.3 系统介绍

室外卷帘结构比较简单，是弹簧软卷帘应用于室外的变形产品。主要由以下几个部分组成：

(1) 弹簧：比室内弹簧卷帘的弹力大，使用增粗增强型弹簧。

(2) 帘布：采用遮阳篷面料，可防水，有极好的日晒色牢度、气候色牢度和耐久性。

(3) 罩壳：平时面料卷藏在罩壳中，保护面料，外观简洁美丽。

(4) 搭扣及搭扣节：使用于阳台时特别方便，将搭扣节绕过阳台扶杆与搭扣锁住即可。搭扣节绳的放长或缩短在一定范围内可调节遮阳面积及通风大小。

(5) 电机：取代弹簧，就是应用于室外的电动软卷帘，在越来越重视外遮阳的时代，室外软卷帘也将受到关注。

5 控 制 系 统

遮阳制品的特色是能自主调节阳光辐射强度、光照度、室内舒适度，而实现调节的手段是手动或电动。遮阳制品日趋大型化、调节精准化、外遮阳化，使用电机实现调节遮阳制品的伸展和收合已成为系统操作的重要手段。

使用于建筑遮阳的电机按电源分类，有220V交流电电机、24V直流电电机和电池电机；按照外形及工作特征分类，有管状电机、推杆电机、链式伸缩电机、同步电机等。建筑遮阳的电机都具有按设定的位置自动准确定位的功能，通过系统实现伸展、收合、开启、闭合、停止等各种要求。

5.1 控 制 技 术

控制的对象有单控和群控，单控指对单个电机独立运行控制；群控指对几个电机或大量电机的分组、分层、分区域的统一控制。设计安装时要结合电源配置，也要考虑控制线路及传输线。当前控制设备和技术的发展可以满足遮阳工程中的各种要求。

5.2 控 制 方 式

5.2.1 手动控制

用手动面板开关来进行控制为手动控制。手动开关单控电机电路图见图5-1，手动控制可以配置组控器实现，组控器有1控2、1控3、1控4等结构。手动开关带1控2组控器群控电路图见图5-2；手动开关带1控4组控器群控电路图见图5-3。

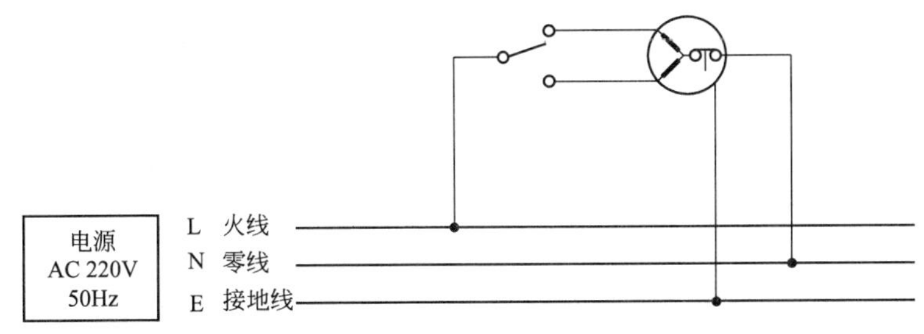

图5-1 手动开关单控电机电路图

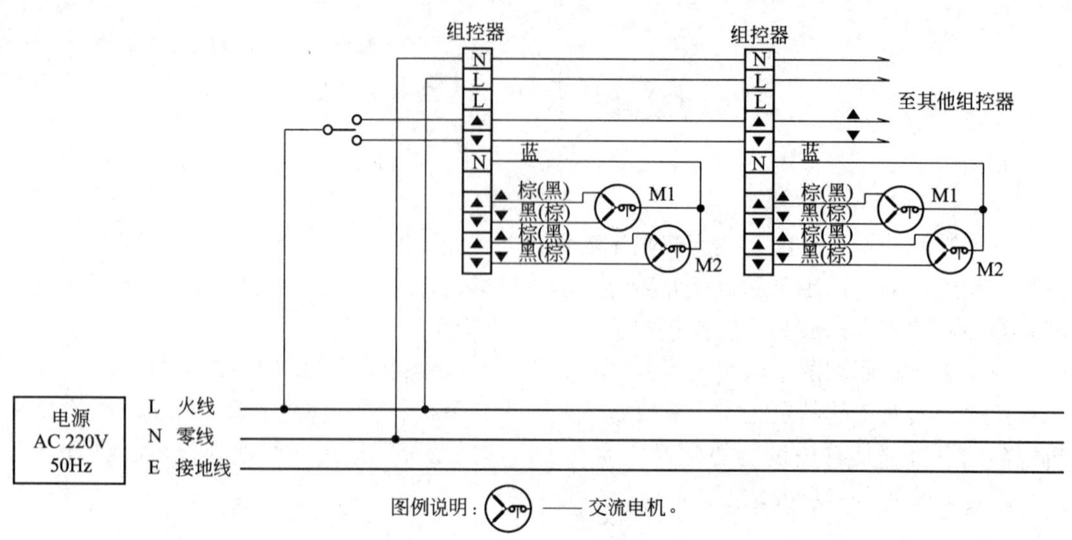

图 5-2 手动开关带 1 控 2 组控器群控电路图

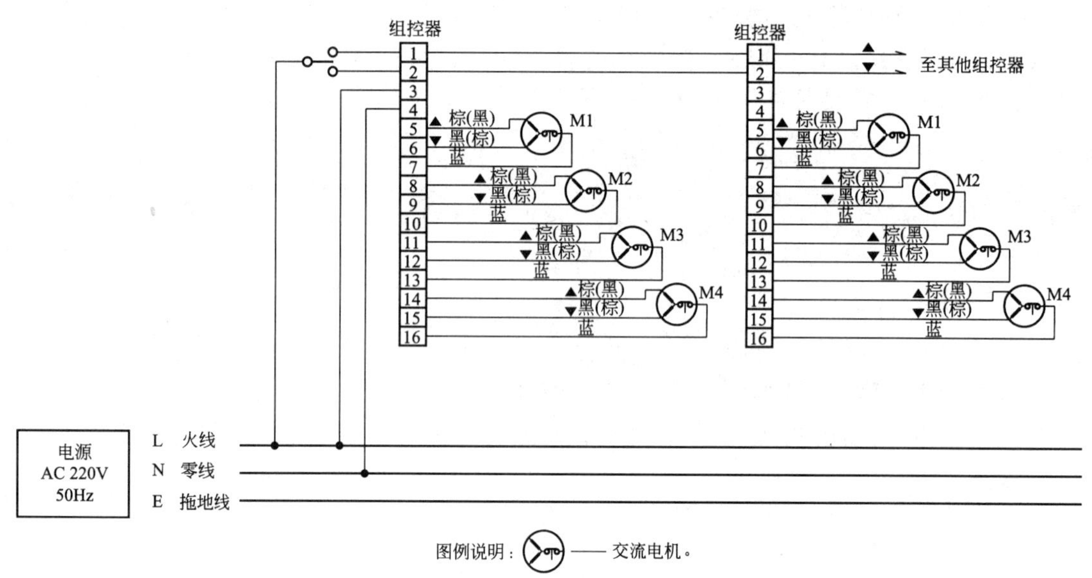

图 5-3 手动开关带 1 控 4 组控器群控电路图

5.2.2 无线电遥控

用无线电遥控器及接收器配合进行控制为无线电遥控器。随着遮阳制品的宽度和高度的增加，甚至出于整个楼层的遮阳装置控制的需要，无线电遥控的使用日益普遍。除了在一个空间只配置一副遮阳制品仍选用远红外控制以外，目前几乎全部使用无线电遥控。生产厂家所使用的无线电频率均在民用波段规定值域。电机的无线电接收器，有的在电机之外配置，有的已经安装在电机内部，接收器安装在内部的管状电机称为内置接收器电机。

单控内置接收器电机电路图见图 5-4，群控内置接收器电机电路图见图 5-5，无线电遥控单马达电路图见图 5-6，无线电遥控带手动开关及 1 控 2 组控器群控电路图见图 5-7，无线电遥控带 1 控 2 组控器群控电路图见图 5-8，无线电遥控带手动开关单控电路图见图 5-9，无线电遥控带手动开关及 1 控 2 组控器群控电路图见图 5-10，无线电遥控带手动开关及 1 控 4 组控器群控电路图见图 5-11。

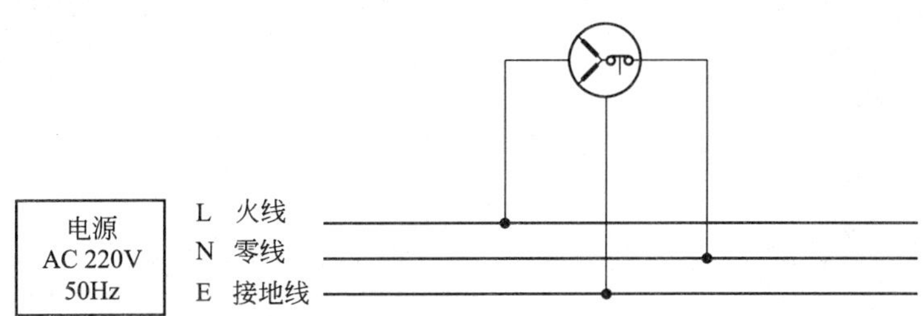

图 5-4 单控内置接收器电机电路图

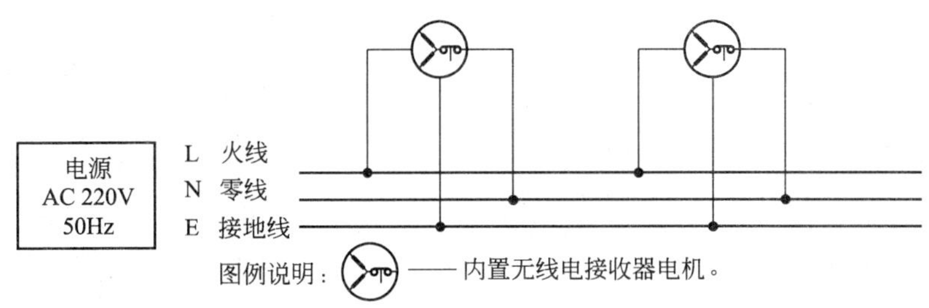

图 5-5 群控内置接收器电机电路图

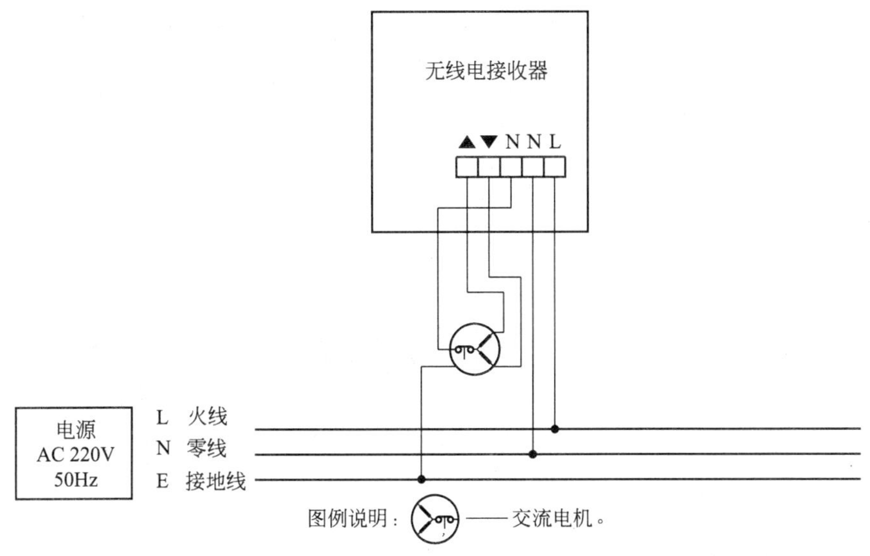

图 5-6 无线电遥控单马达电路图

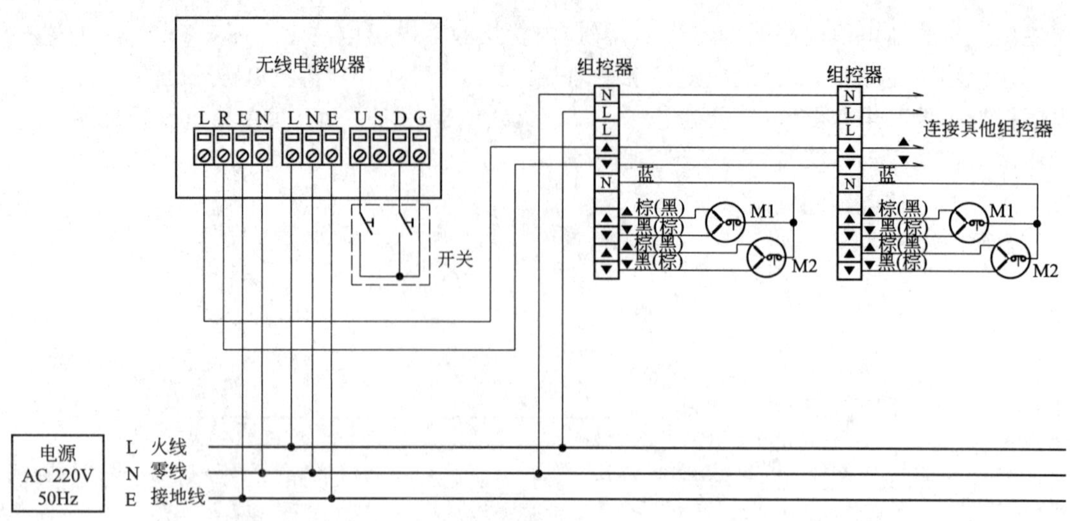

图 5-7　无线电遥控带手动开关及 1 控 2 组控器群控电路图

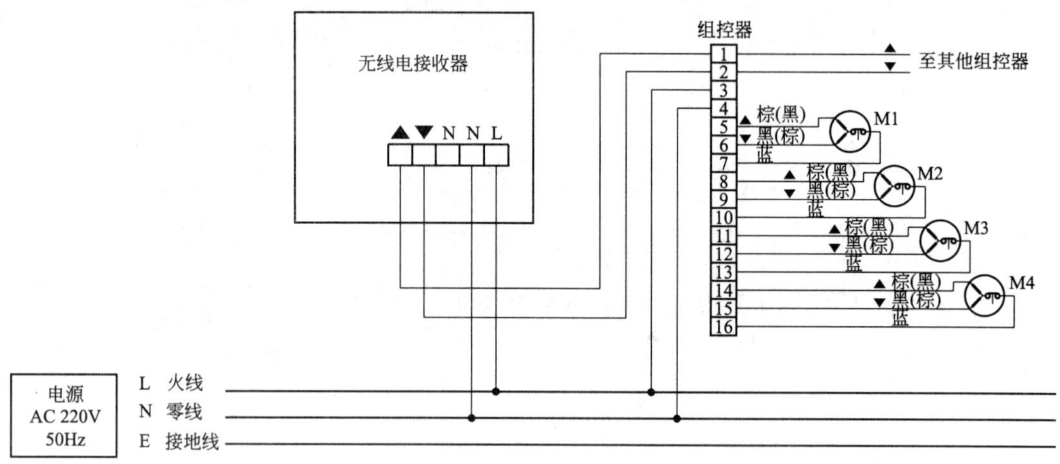

图 5-8　无线电遥控带 1 控 2 组控器群控电路图

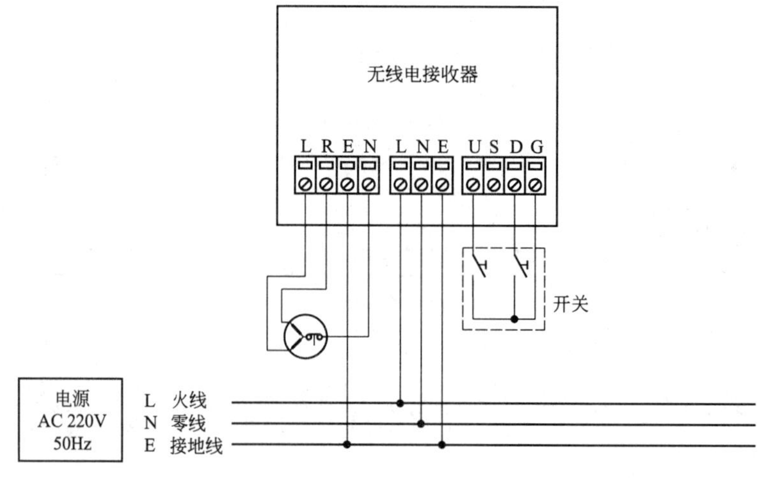

图 5-9　无线电遥控带手动开关单控电路图

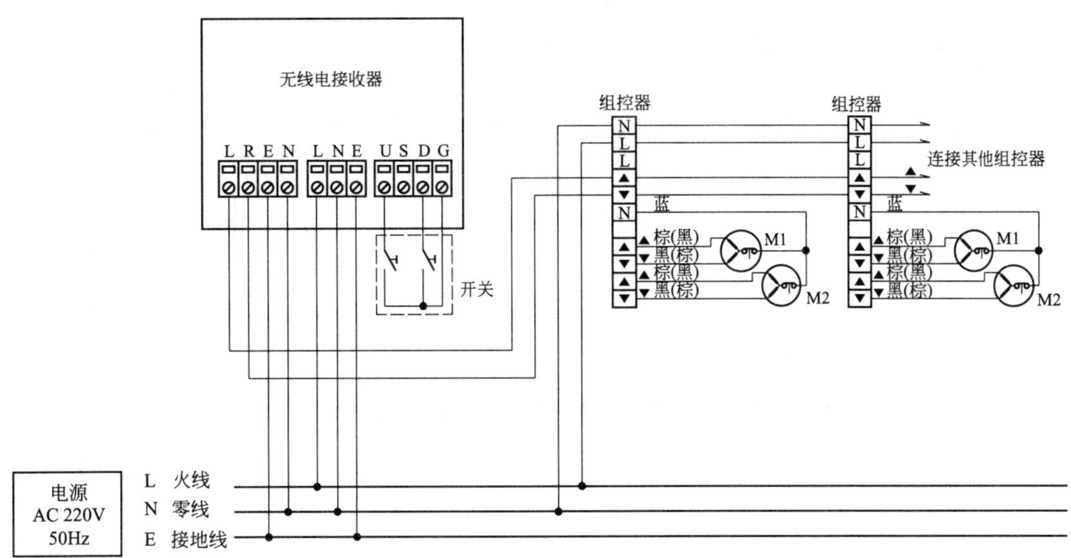

图 5-10 无线电遥控带手动开关及 1 控 2 组控器群控电路图

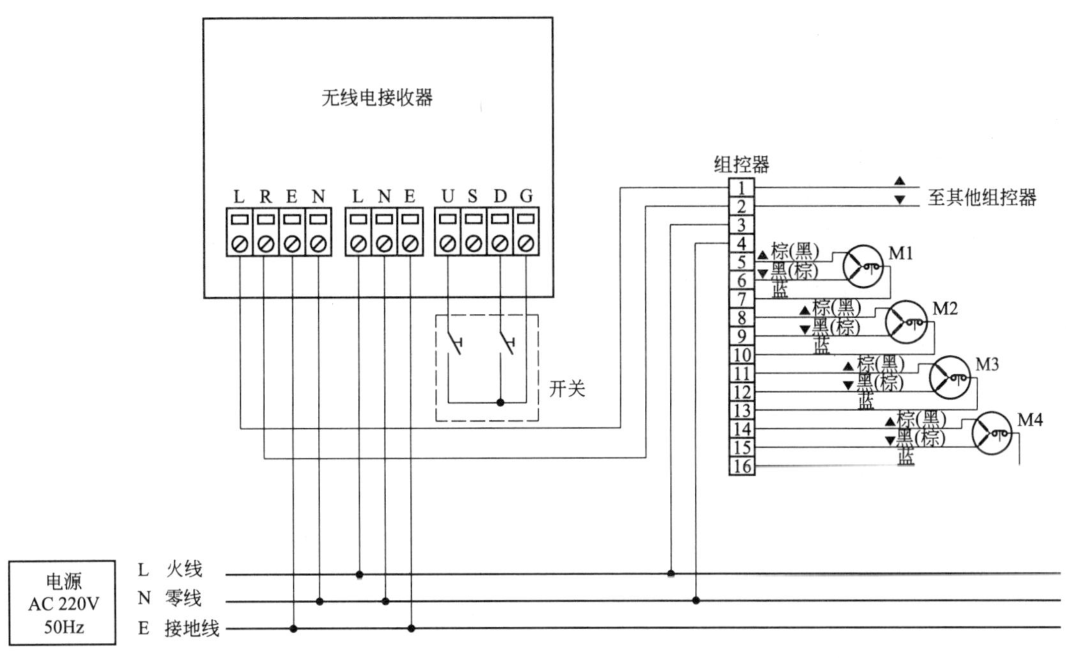

图 5-11 无线电遥控带手动开关及 1 控 4 组控器群控电路图

5.2.3 风、光、雨、温度传感器控制

使用风、光、雨、温度传感器进行控制即为传感器控制。由于遮阳产品有的需要在遇风的时候收合，在有阳光强照射时伸展，到日落后收回，或者下雨时能自动收回等不同要求，人工控制显然不能及时配合，使用风、光、雨、温度传感器可以实现智能化控制。无线电遥控加风光控电路图见图 5-12。

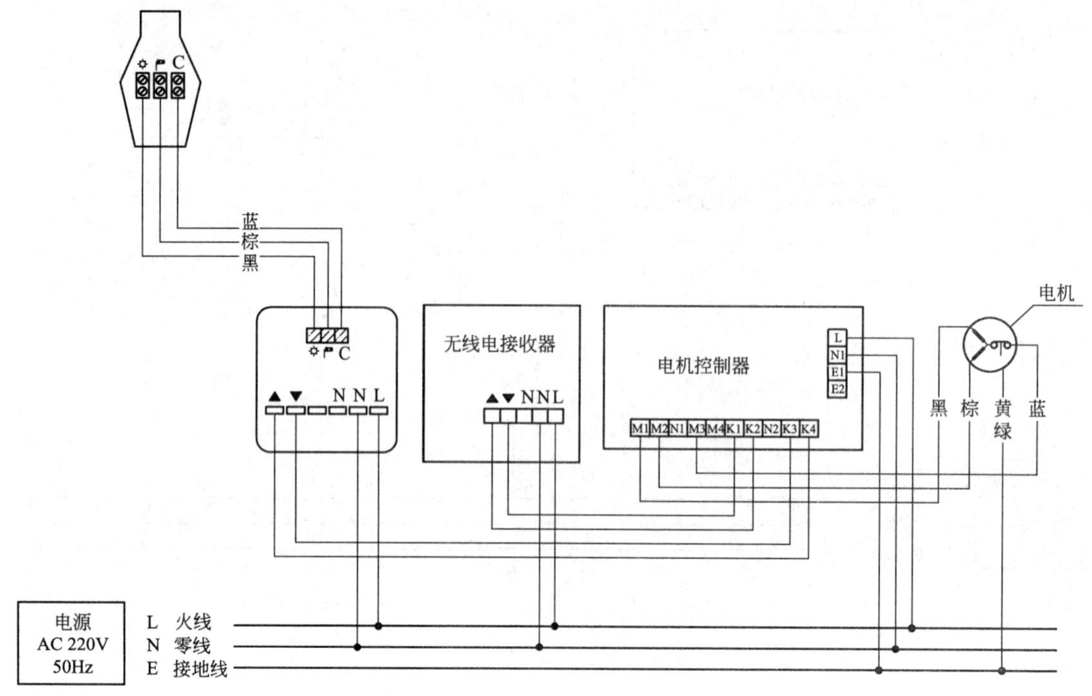

图 5-12 无线电遥控加风光控电路图

5.2.4 主副电机控制

使用同步电机，一个主电机，一个或几个副电机进行控制即为主副电机控制。一副遮阳产品用 2 个电机或 4 个电机同步工作时，只需控制一个主电机，另一些电机追随主电机同步工作称副电机。有的开合帘就是使用这类电机，无线电遥控开合帘主副电机电路图见图 5-13，无线电遥控带手动开关开合帘主副电机群控电路图见图 5-14。

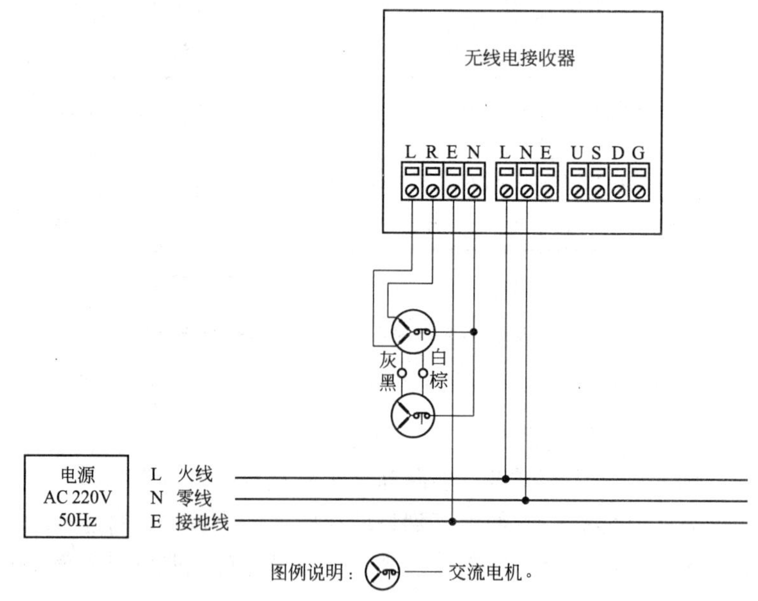

图 5-13 无线电遥控开合帘主副电机电路图

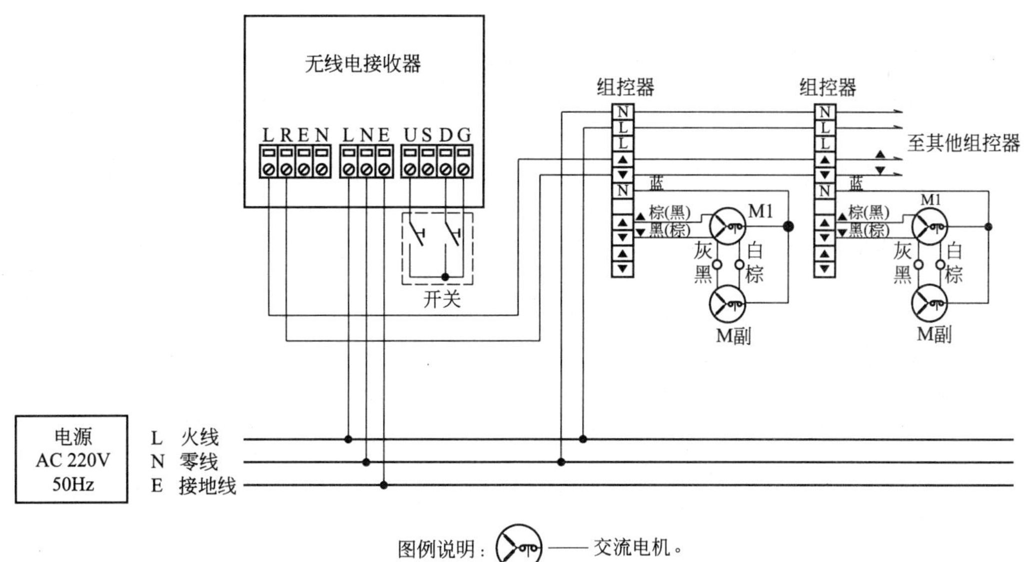

图 5-14 无线遥控带手动开关开合帘主副电机群控电路图

5.2.5 双电机控制

一对特殊电机配合进行控制的为双电机控制。一副遮阳产品用 2 个电机工作时，保持遮阳面料具有足够的张力，维持面料在空间的平挺度。当张力不足时，可使其中一个马达反转收紧面料，调节此功能需配置特殊控制盒。无线电遥控双电机单控电路图见图 5-15，无线电遥控双电机群控电路图见图 5-16。

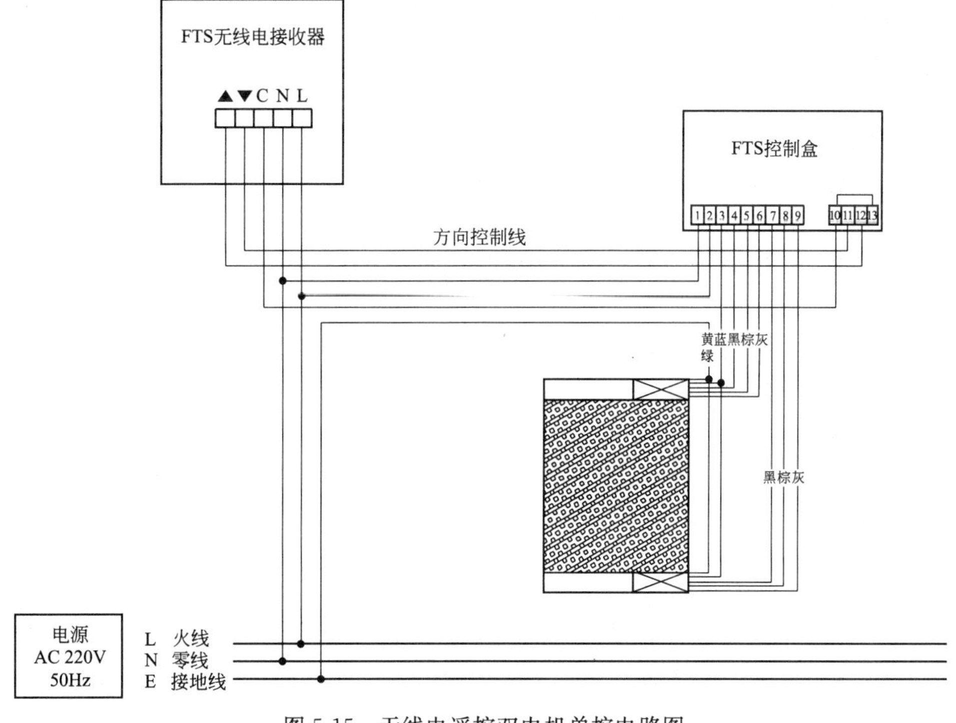

图 5-15 无线电遥控双电机单控电路图

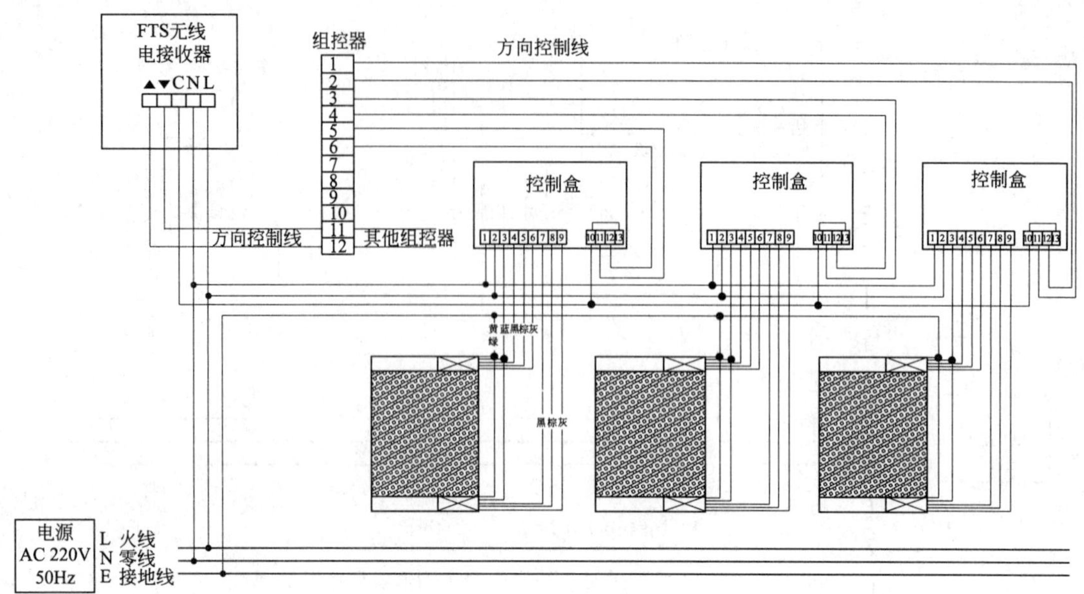

图 5-16 无线电遥控双电机群控电路图

5.2.6 时序控制

按时序进行设定的控制为时序控制。遮阳装置的开启收合、遮阳面、阳光的迎角，可以按时间顺序控制。早上阳光从东面投射过来，遮阳面就迎向东方，到了下午阳光射自西面，遮阳面迎向西方。将不同地理位置、不同季节、阳光不同照射方向及高度角等参数储存于计算机内，根据这些数据实现在特定时刻面向特定方向。使用时间控制器或时间继电器实现时序控制。

5.2.7 遮阳软件包的智能控制

对于大型遮阳工程，使用遮阳数据软件包进行计算机控制为智能控制，对整个建筑群进行控制，原理上是可行的，但在技术上是有难度的，对于软件有诸多技术要求。

从软件要求看，根据建筑群、楼、层、房，编程设定控制区域，划分控制小组区域。电脑需设有文字操作界面，界面上有控制按钮，控制电机上、下、停和 2 个以上中间位置。每个区域可以有独立的风、光、雨传感器，还配有室内外温度、火警信号联动和时间设定的自动系统，软件通过总线对外联络(以太网接口)。

从硬件要求看，需要有特殊的配置：

(1) 中央控制器：以太网接口，可直接与 PC 连接，控制总线输入输出，火警信号输入端上，传感器、手动开关、维护开关、反馈信号输入输出。汇总分路总线，或连接路由器汇总。

(2) 电机控制器：有公共总线输入输出端口、电源输入端口、电机线输出端口(四芯线，单个电机 AC 220V、1A)，能计算电机的行程，微调精确中间停止位，延时保护(3min)，设立相关指示灯。本地控制开关接线端口(每个电机一组开关接口)，需 4～6 个电机联动、交叉运行(第一个电机停止，第二个电机启动)，通过编程可有 2 个以上的中间位置(上下两端有电机限位)，控制器收到开、关、中间位 1、中间位 2 信号后，电机将会立即启动，还可以编程分组。

(3) 传感器：风、光、雨、室内外温度和系统配套。

(4) 附属部件：编程器、遥控器等需要配套的器件。

有上述软硬件的支持，可以编程设置主频道、组频道、全频道、延续动作频道、特别停止频道；可以进行短时电机动作，快速释放，停止按组释放，改变电机运行方向，控制电机运行时间，灯光控制，定时死机，启动或停止“粘住”功能；可以连接墙上开关的手控输入端；可以启动风控锁定，翻转风控电机动作方向，自动返回；使用中间停止位，改变参考位置，高精确运行；同时可以实现负载监测，了解超负荷载位，开启延时计时，以及各项设定的重新设定。

智能控制使建筑群的遮阳帘定时动作运行，可以按需要自行调节，特殊场合由控制室统一操作，如上班前下班后、节假日，使遮阳帘全部关闭，发生火灾时自动产生联动控制，为了便于消防人员进入及烟气散逸，可以使外遮阳翻板全部伸展。总之，智能控制可确保整体需求，又可以充分满足个性化需求。当前，遮阳制品已经具有相当高的现代化技术水准，同时遮阳的控制系统已经进入自动化、信息化的高科技领域。为此遮阳技术已经成为最有效的建筑节能技术之一。

参　考　文　献

［1］ 李峥嵘，赵群，展磊. 建筑遮阳与节能. 北京：中国建筑工业出版社，2009.

［2］ 任鹏，王世晓，张磊，等. 门窗遮阳系数的计算. 新型建筑材料，2007(9)：50-52.

［3］ 中国建筑标准设计院. 建筑外遮阳. 北京：中国计划出版社，2007.